低影响开发背景下的

城市河道绿地更新设计研究

武文婷　张怡蓓　任彝　著

中国水利水电出版社
www.waterpub.com.cn

·北京·

内 容 提 要

近年来，由于城市化和工业化的快速发展，城市河道绿地自然环境被侵占，生态被破坏。面对严峻的水生态安全问题，城市河道绿地低影响开发成为城市建设领域的研究热点。河道绿地是整个城市生态网络的重要组成部分，是城市雨水链的重要一环，是海绵城市低影响开发的重要组成部分。本书以低影响开发背景下的城市河道绿地更新为研究对象，选取典型案例，对城市河道绿地现状、雨水利用情况和低影响开发设施应用情况进行调研和分析，探讨城市河道绿地汇水面物质更新对策、景观物质更新对策以及非物质更新对策，并通过案例和实践进一步探讨城市河道绿地更新方法，以期得到较为清晰的低影响开发背景下城市河道绿地更新体系，为城市河道绿地可持续发展提供启示和借鉴。

本书适合城市规划、风景园林、生态工程、环境保护等领域的相关人员阅读、参考。

图书在版编目（C I P）数据

低影响开发背景下的城市河道绿地更新设计研究 /
武文婷，张怡蓓，任彝著. -- 北京 ：中国水利水电出版
社，2019.11
ISBN 978-7-5170-8233-0

Ⅰ. ①低… Ⅱ. ①武… ②张… ③任… Ⅲ. ①城市－
河道整治－设计－研究 Ⅳ. ①TV882

中国版本图书馆CIP数据核字(2019)第254820号

书 名	低影响开发背景下的城市河道绿地更新设计研究 DI YINGXIANG KAIFA BEIJING XIA DE CHENGSHI HEDAO LÜDI GENGXIN SHEJI YANJIU
作 者	武文婷 张怡蓓 任彝 著
出版发行	中国水利水电出版社 （北京市海淀区玉渊潭南路 1 号 D 座　100038） 网址：www. waterpub. com. cn E - mail：sales@waterpub. com. cn 电话：(010) 68367658（营销中心）
经 售	北京科水图书销售中心（零售） 电话：(010) 88383994、63202643、68545874 全国各地新华书店和相关出版物销售网点
排 版	中国水利水电出版社微机排版中心
印 刷	清淞永业（天津）印刷有限公司
规 格	184mm×260mm 16 开本 9.75 印张 237 千字
版 次	2019 年 11 月第 1 版　2019 年 11 月第 1 次印刷
定 价	48.00 元

前言

　　中国古代城市选址重视自然山水环境，"缘水而居，不耕不稼"。早期人类活动便是以河道为中心，城市河道绿地往往是城市中活跃度最高的地区，与城市的发展密切相关。然而，由于城市化和工业化的快速发展，城市河道绿地自然环境被侵占，生态被破坏。面对国内严峻的水生态安全问题，城市河道绿地成为城市低影响开发的重点建设领域和研究热点。低影响开发是近年来我国城市开发建设的新模式，具有减少地表径流、减少非点源污染、减少城市洪涝等功能，以及提升土地价值、节约开发成本等附带效益。其应用于城市河道绿地建设，有助于解决城市雨洪问题，维系城市可持续发展。

　　本书以低影响开发背景下的城市河道绿地更新为研究对象，以景观设计学、景观生态学、水文学、城市规划学等相关学科为理论基础，结合当前国内外相关理论研究、技术措施、设计实践和法规指南成果，对我国城市河道绿地现状、雨水利用情况和低影响开发设施应用情况进行调研和分析，探讨城市河道绿地汇水面物质更新对策、景观物质更新对策以及非物质更新对策。通过上海黄浦江绿地更新概念设计，进一步探讨城市河道绿地更新方法，以期得到较为清晰的低影响开发背景下城市河道绿地更新体系，对其中一些容易混淆和模糊的理念进行归纳，为城市河道绿地可持续发展尽一份绵薄之力。

　　本书在方案设计、问卷调研、资料收集、数据处理时得到了很多大专院校、科研院所、相关学会、行政主管部门、工程建设等单位的专家的支持和帮助，很多朋友和学生协助发放和回收调研问卷。在此，向所有帮助和支持过我们的专家、老师、朋友、学生致以诚挚的谢意！

　　本书在编写过程中参考了大量相关书籍和资料，在此向有关作者深表谢意。因内容需要，本书引用了较多图片，在此向图片所有者深表谢意。

　　由于时间仓促和编者水平有限，书中若有不妥之处，敬请广大读者批评指正并提出宝贵意见。

作者

2019 年 11 月

目录

第一章

绪　　论

1.1　城市河道绿地研究背景

　　河流是城市诞生发展的摇篮，世界上有许多城市，如巴黎、伦敦、纽约、东京、上海都是沿着自然水系发展的。自古以来，河流为城市提供生产生活的水源，提供交通运输的便利，是城市发展兴旺的重要因素。进入现代社会以后，河流资源仍然对城市的发展起到了举足轻重的作用，城市的河道水网是城市水利、农业、航运及环保等多种功能的综合载体，河道水网为经济社会的繁荣与发展提供了得天独厚的基础和条件，推动着社会文明的发展，河道环境的好坏事关可持续发展的大局。

　　然而随着我国城市化进程的不断加快，城市的经济文化虽然得到了飞跃性的发展，但是自然生态问题却被忽视，河道环境遭到了严重的破坏，并且随着城市雨水问题的影响进一步恶化。盲目建造密集的楼房、道路，城市硬质面积大幅上升，自然水系面积急剧减少，导致城市河道淤积情况严重，调蓄功能退化，城市内涝频发，城市河道生物多样性减少，河道自净能力降低，两者形成恶性循环，而且河道雨水补给能力降低，地表径流大量流失，引发了严重的城市缺水问题，最终导致了全国近六成城市为缺水状态，与此矛盾的是我国严重的城市内涝问题，给我国的城市发展敲响了警钟。

　　针对以上种种问题，我国参考国外优秀的城市环境治理及规划设计经验，引入了低影响开发（Low Impact Development，LID）的优秀理念。低影响开发旨在缓解内涝、控制径流污染、雨水资源化，重在保护和改善城市水环境。城市河道在雨水循环过程中承担水体蒸发、径流受纳、雨洪调蓄等多个重要角色，是低影响开发的重要组成部分。在低影响开发的理念下，城市河道绿地具有调节城市小气候、滞留地表径流、消解非点源污染和防洪排涝等生态作用，同时也是自然水系与城市环境结合的公共空间，具有重要的多重价值。随着我国城市水环境问题的不断加剧，低影响开发的推广迫在眉睫。必须认识到，低影响开发指导下的河道绿地改造和设计具有必要性、重要性以及长期性。

1.2　国内外研究现状

1.2.1　国外研究现状

城市河道绿地景观通常与周围社会环境紧密相关，反映社会、经济和文化等方面的历史发展变化。从古希腊时期开始，国外已经开始开发城市河道绿地，伴随历史的变迁，其发展过程大致经历了三个阶段，即自然形态阶段、工业时代阶段以及现代复兴阶段（表1-1）。早期人们依附河道绿地并获取生产、生活用水；随着工业化进程，城市河道绿地被工厂和码头占据，同时工业化也进入了最兴盛的时期；工业时代开始后，城市河道绿地环境被严重破坏，同时城市经济产业结构转变，使其陷入衰落境地。

表1-1　　　　　　　　人类历史各发展阶段城市河道绿地概况表

阶段	产　业	功　能	状态
自然形态阶段	农业、畜牧业、手工业	生活、生产	兴起
工业时代阶段	工业、交通、仓储	码头、工厂、交通贸易	兴盛
现代复兴阶段	第三产业、新兴产业、旅游业、金融业	休闲活动、旅游娱乐	衰落后复兴

进入现代复兴阶段以来，随着现代社会意识形态和生活方式的转变，城市河道绿地重新再次成为城市的焦点。城市化进程使得土地和水系面积被城市硬质大面积取代，导致城市水问题在内的城市生态环境问题逐渐突出。在这种背景下，城市河道环境的治理也遇到了不同于以往的新问题和新挑战。近几十年来，各国对于河道生态环境的保护愈发重视，针对相关的生态问题总结出了一系列优秀的经验。低影响开发理念注重雨水收集和利用，而城市河流水网则是城市雨水循环中重要的一环，低影响开发设施在河道绿地环境中的应用对于河道生态的保护和治理具有重要意义。目前，国外基于低影响开发背景下的城市河道绿地景观更新在理论研究、技术措施、设计实践和法规指南四个方面的成果显著，对国内城市河道绿地景观建设具有重要的参考价值。

1. 城市河道绿地景观更新理论研究

西方发达国家较早完成了工业化进程和城市产业结构转变，对城市河道绿地景观的研究已有相当的积累，具有丰富的经验。

1938年，德国首先提出"近自然河川治理"理论，利用生态修复技术构建接近自然状态的河道，20世纪50年代，德国巴登符腾堡州环保局编写了《水利工程中的近自然工法》（Naturnahe Bauweisen Wasserbau）。

1962年，美国生态学家奥德姆（H. T. Odum）首次提出"生态工程"的概念，这标志着将生态学概念融入于河道景观工程。20世纪70年代，在美国确立了以"与自然和谐相处"为目的的河道生态景观理论。80年代末，美国的生态学家密茨（Mitsch）和乔根森（Jorgensn）正式提出生态工程（Ecological Engineering）的概念，这为在河道景观规划中应用多自然型河道生态修复技术奠定了理论基础。美国华盛顿于1981年成立滨水区研究中心（Waterfront Center），出版月刊《世界滨水区》（Waterfront world），主持编写

《全球城市滨水区开发的成功实例》（*The New Waterfront：A Worldside Urban Success Story*）。90 年代，美国将兼顾生物生存的河道生态恢复作为水资源开发管理工作必须考虑的项目，1992 年出版了《水域生态系统的修复》，1998 年出版了《河流廊道修复》，指导河道修复工作。美国陆军工程师团水道试验站在 1999 年 6 月完成了《河流管理——河流保护和修复的概念和方法》研究报告。

20 世纪 70 年代，日本把河道治理的目标从 60 年代以前的"以减少洪涝灾害为主"转向了"以提供完整性和舒适性的环境为主"。90 年代日本实施将"多自然型河道生态修复技术"应用于河道生态景观规划的计划，即"多自然型河川计划"，开始了城市河道绿地景观更新的热潮。1988 年日本土木学会·水滨景观研究分会出版《滨水景观设计》，归纳河道规划、设计实例、管理维护、治河工程理论和相关法律标准等理论研究成果。此外，日本还先后出台了一系列标准、规范并推出相关文献资料，如《奈良的河川：如果现在看大和的河流》《东京水边散步》《"水"健康指标》等。

1993 年，国际水上城市中心（International Center Cities on Water）主编了《滨水区：水上城市的研究前沿》（*Waterfronts：A New Frontier for Cities on Water*），其他学者、机构组织也相继提出相关理念。进入 21 世纪以后，对于城市河道景观的治理改造不再仅限于生态价值，其商业、文化、休闲娱乐价值也开始受到重视和利用，围绕相关的价值体系建立了评价指标并进行规划设计。国外就城市河道绿地景观更新问题举行了数次相关会议，取得了一定的理论成果，如横滨滨水区 21 世纪未来发展计划会议（Waterfront Yokohuma 86，MM21）、水上城市国际会议（International Conference of Aquapolis）、水上城市会议（Conference of Cities on Water）、城市与全球新经济会议（Conference of Cities and New Global Economy）等。由此国外城市河道绿地更新形成了较完整的理论体系代表性理论见表 1-2。

表 1-2   国外城市河道绿地景观更新代表性理论列表

方向	重 点 理 论	地区/作者（说明或来源）
水质治理	1876 年，《河流污染防治法》	英国，世界首部作品
	2001 年，《西澳大利亚河流的属性、防护、修复以及长期管理指导》	澳大利亚，水和河流委员会
	2016 年，《"水"健康指标》	日本，技报堂出版
城市河道绿地自然治理	1938 年，《近自然水利工法》	德国，最早提出河溪近自然治理理念
	20 世纪 80 年代，"多自然型河流治理法"	日本，开始转变研究方向
	1989 年，"多自然型河道生态修复技术"理论	美国，密茨
	1994 年，《水利工程中的近自然工法》	德国，巴登符腾堡州环保局
	1998 年，《河溪廊道恢复研究：原理、过程与实践》	美国，联邦河溪生态修复组织
	2004 年，《护岸设计》	日本，河川治理中心
	1981 年，《世界滨水区》	滨水地区研究中心，月刊
	20 世纪 80 年代末，生态工程的概念	美国，Mitsch 和 Jorgensn
	2014 年，《城市形态可以快速应对海啸》	智利，《国际人居》
	1988 年，《奈良的河川：如果现在看大和的河流》	日本，奈良

续表

方向	重点理论	地区/作者（说明或来源）
城市河道绿地转型建设和评价方法	1962年，"生态工程"概念	美国，H. T. Odum
	20世纪70年代，"以提供完整性和舒适性的环境为主"的河道治理	日本，河道治理政策发生巨变
	1988年，《重塑滨水：国际港口发展》	英国，S. Hoyle、D. A. Pinder和M. S
	1993年，《滨水区：水上城市的研究前沿》	Claude P.，滨水区规划案例锦集
	1988年，《滨水景观设计》	日本，土木学会
	2011年，《调查个人喜好重建滨水区》	日本，土木学会《城市》（Cities）
	2012年，《伊斯坦布尔滨水区文化再生》	Gunay Z.和Dokmeci V.
	2014年，《利用GIS技术的评价城市环境质量》	海地，《国际人居》
	2015年，《社会秩序、休闲和旅游吸引力——香港滨水区的成功转变》	中国香港，《国际人居》
	2016年，《急流区域——植物研究》	日本，京都大学防灾研究所出版
	2016年，《东京水边散步》	日本，竹内正浩

经过工业革命的发达国家大都经历过一个先发展后治理的过程，在充分意识到传统水利方式治理的弊端后，都将河道绿地治理提升到国家战略层面。其理论研究成果，对重塑我国生态园林城市、提升城市品质与形象具有重要的借鉴和参考价值。

2. 城市河道绿地景观更新技术措施

结合生态建设是城市河道绿地景观更新发展的必然趋势，国外发达国家较早开始相关技术研究并投入大量专项研究资金。

美国早期技术措施倾向于防洪工程，忽视河道的生态建设，引发了城市河道水环境的恶化，因此20世纪90年代后河道生态恢复成为更新方向，形成了较完整的"土壤生物工程护岸技术"，重视河道后期管理和公共监督。

澳大利亚早期由于洪水灾害频繁发生，采用河岸硬质化建设、截弯取直缩短航道等高效水利技术措施。但根据1988年环境状况调查结果显示，城市河道绿地生态环境因此重度退化，就此澳大利亚的更新目标转变为生态恢复，采取还原河道自然形态的技术措施。

欧洲国家在工业革命后就开始反思盲目生产对河道水质和生态环境造成的破坏，开始探寻环境保护和恢复方法，创造可持续发展的城市河道绿地景观。70年代中期，德国进行了称为"重新自然化"的关于自然的保护与创造的尝试，在全国范围内开始拆除被混凝土渠道化了的河道，将河道恢复到接近自然的状况，并于1975年成立环境与自然保护联盟，将城市河道绿地建设正式纳入讨论议题。瑞士、奥地利、荷兰、英国等国家在20世纪70年代末提出"近自然河川工法"（Naturnaher Wasserbau），着眼于生态修复技术与防洪技术的结合，旨在恢复河道的生态功能，保持水资源循环。

日本城市河道绿地治理理念也开始转变。在20世纪80年代初，日本向欧洲学习提出"近自然性的"河川建设技术，倡导尽可能采用生态型护坡结构，重点研究修复环境的施工方法，同时对规划程序、设计、施工、管理等环节进行细致的技术研究。1990年，日本建设省（当时）河川局汇总并推出了《多自然型河流治理实施要领》。

3. 城市河道绿地景观更新设计实践

随着经济结构的调整和经济全球化发展，20世纪70年代开始，城市河道绿地再开发成为人们关注的焦点，许多城市掀起了新一轮建设热潮。21世纪后人们的思想观念发生转变，景观设计开始追求自然景观的诗意感知、人文元素的提炼与隐喻，渗透与融合自然科学技术塑造场所精神。城市河道绿地更新开始注重从生态、文化、经济和社会多方面入手，加强人与水的亲密度。

19世纪50年代，法国巴黎塞纳河沿岸绿地更新是现代西方首次有意识地进行城市河道绿地景观治理；英国伦敦港区（Docklands）是欧洲最大的城市河道绿地改建项目，通过营造商业、旅游业的发展气氛，利用现代景观构建物质环境新气象，吸引经济投资，顺应全球城市河道绿地以旅游业为主的发展趋势。

美国是重建范围最多的国家，19世纪末展开城市美化运动，包括城市河道绿地景观更新。1909年完成的芝加哥规划是城市河道绿地景观更新在该阶段的代表作，与周围城市绿地形成完整的绿地系统，恢复城市生态与休闲效益；2002年投资建设休斯敦水牛河步道，计划利用20年时间建成兼顾城市中心和自然景观的滨水公园；2016年完成的曼哈顿BIG U景观项目，形成连接水与城市的防护性景观。

1970年加拿大温哥华格兰威尔岛重建项目具有深刻的远见和历史意义：保留原工业气质，成为居住旅游胜地；2002年温哥华史丹利公园内，鲑鱼溪流的建设对理解人类与生态环境的关系有重要教育意义。

此外还有许多优秀的整合性设计，如2011年马德里市曼萨纳雷斯河岸更新景观工程，整合城市交通，建设43km滨水公园；2012年新加坡加冷河—碧山公园是ABC水计划的代表性项目，将城市河道绿地建设与社区单元结合，基于人们对公共开放空间和自然环境的需求，城市河道绿地景观更新通过改善物质环境，重塑城市与河流关系，挖掘潜在的历史文脉和商业价值。

4. 各国城市河道绿地更新法规/指南

美国城市河道绿地治理理念带动法规更新，以修建航道、提高城市河道航运能力为目的，于1899年制定《河川港湾法》（Rivers and Harbors Act）；由于洪灾频发，以防洪堤建设为目的，设立专项资金，于1928年颁布《防洪法》，1936年和1944年两次修正，进一步加强防洪能力；为治理城市河道绿地水环境污染，于1948年颁布《联邦水污染控制法》。进入21世纪后，开始重视政府部门、企业和机构的参与，美国环保署在2000年颁布的《水生生物资源生态恢复指导性原则》中强调一个完整的河道景观生态系统是要具备自我调节和可持续发展功能。

澳大利亚城市河道绿地早期由于严重的洪水灾害和水土流失问题，于1948年颁布《河流与海滩整治法》（River and Fore-shores Improvement Act）；此后为修复河道生态环境，于1999年出版《澳洲河流恢复导则》；2007年，实行水资源安全国家规划；2013年开始鼓励政策管理透明化。

日本城市河道绿地治理一直以防洪排涝为目的，于1964年颁布《新河川法》；1975年、1978年设立河流整治专项补贴资金；1997年，对河川环境的法规进行了修改，开始

"河川整备计划",成立"流域委员会"等机构;2008 年开始统一"一级河川"的管理机构。

英国城市河道绿地治理理念兼顾生态和经济双方面的效益,开发和保护同步发展。先后颁布《1963 年水资源法》和《1989 年水资源法》,以立法形式确立了水资源管理制度,将水资源与土地所有权分离。2013 年制定《生命之水》白皮书;2017 年脱欧后,开始利用社会力量完善治理体制。德国同样通过立法形式修复河道绿地环境,1957 年颁发《联邦水源法》;1976 年颁发《污水排放法》;2010 年,编写《近自然水利工法:发展和建造过程生态水利工程:设计和开发》,总结生态治理的相关法律法规;最具价值的是《水资源管理法》和《德国自然保护法》。

此外,联合国于 2014 年颁布《国际水道非航行使用法公约》。综上所述,各个国家的法规指南都是根据当时社会经济情况和对水资源的态度所制定的,治理理念的转变逐渐形成完善的法规/指南体系(表 1-3)。

表 1-3　　　　　　　　　国外城市河道绿地更新重要理念/法规/指南列表

时间	理念/法规	地区
1899 年	《河川港湾法》	美国
1928 年	《防洪法》	
1948 年	《联邦水污染控制法》	
20 世纪 80 年代	重视水资源质量	
20 世纪 90 年代	注重生态恢复、公众舒适性和公众参与度	
2000 年	《水生生物资源生态恢复指导性原则》	
2012 年	转变洪水综合风险管理方式	
2016 年	加强国家级主管部门和地方性机构的参与度	
1948 年	《河流与海滩整治法》	澳大利亚
20 世纪 60 年代	水权登记	
1999 年	《澳洲河流恢复导则》	
2003 年	国家水行动计划	
2004 年	州际水行动协议	
2007 年	水资源安全国家规划	
2013 年	鼓励地方合作和更透明的决策,规划和交付	
1957 年	《联邦水源法》	欧洲
1963 年	《1963 年水资源法》	
1976 年	《污水排放法》	
1982 年	《河流洪水防御》	
1989 年	《1989 年水资源法》	
2002 年	《联邦自然保护和景观规划法》	
2007 年	欧盟洪水指令	
2008 年	《水资源管理法》	

续表

时间	理念/法规	地区
2010 年	《近自然水利工法：发展和建造过程》	欧洲
2013 年	《生命之水白皮书》	
2016 年	重视政府和媒体教育	
1964 年	《新河川法》	日本
20 世纪 70 年代	河流管理政策的巨变	
1975 年	"准用河流整治费用补贴制度"	
1978 年	"河流整治负担金制度"	
20 世纪 90 年代	实施"创造多自然型河川计划"	
2014 年	《国际水道非航行使用法公约》	联合国

5. 低影响开发系统理论研究

全世界范围内相继开展雨水利用研究与实践，逐渐形成代表性理论体系（表 1-4），这些理论研究体系的形成，扩大了低影响开发的应用范围，涵盖范围从大尺度的流域规划到小尺度的分散式布置。

表 1-4 各国代表性低影响开发理念列表

理念	LID	BMPs	SUDS	WSUD	GI	LIUDD
英文	Low Impact Development	Best Management Practices	Sustainable Drainage Systems	Water Sustainable Urban Design	Green Infrastructure	Low Impact Urban Design and Development
中文	低影响开发	最佳雨洪管理	可持续排水系统	水敏感城市设计	绿色基础设施	低影响的城市设计与发展
国家	美国	美国	英国	澳大利亚	美国	新西兰
出现时期	20 世纪 90 年代	20 世纪 80 年代	20 世纪 90 年代	20 世纪 90 年代	21 世纪	1988 年
核心内容	利用分散式雨水控制措施从源头管理雨水，维持场地开发前的水文特征	运用雨水利用技术措施，控制雨水径流，净化污染物	模拟自然的排水过程，实现雨水可持续管理	将城市规划与水循环结合，减少对自然水文的影响	为动植物提供自然场所，自然管理雨水，节约城市管理成本	由低影响开发（LID）和水敏感性城市设计（WSUD）发展而来，遵循自然循环规律
特点	规模小，布置自由，成本低，适合高密度区域	规模大，占地大，成本高	强调多学科、多部门的配合，特别是规划部门	结合整个城市供水、排水系统	提高整体环境质量的自然系统	公众参与度高
尺度	场地尺度、社区尺度	场地尺度	城市尺度	城市尺度、流域尺度	城市尺度、流域尺度	城市尺度、流域尺度
范围	中小降雨	中小降雨	不同频级降雨	不同频级降雨	不同频级降雨	不同频级降雨

德国是欧洲国家中雨水利用研究最深入的国家，19 世纪 80 年代即开始相关研究；至 20 世纪初，雨水利用技术已有了"三代"更新；2012 年，主导欧盟和亚洲国家实施 SWITCH - Asia 项目；目前已迈入集成化建设阶段，具有完备的法制体系和各种雨水利用产品。

美国雨水资源利用旨在提高雨水自然渗透率。20 世纪 70 年代开始成立专项资金，用于径流污染控制，最佳管理措施成为新型城市降雨径流控制体系中最具代表性的理念，一系列场地滞留设施被应用于雨洪管理实践中。20 世纪 80 年代对雨水径流的控制由场地转变为区域及流域的整体规划，许多城市通过编制总体规划缓解雨洪问题。20 世纪 80 年代中后期美国开始关注面源污染问题。20 世纪 90 年代，由乔治王子郡、西雅图、波特兰提出 LID 理念，基于最佳管理措施和低影响开发的推广成果，绿色基础设施（Green Infrastructure，GI）的概念在美国形成；1996 年，提出最佳雨洪管理理念，运用工程技术和科普教育手段激发公众的环保意识，重视雨水回用。2000 年，低影响开发中心发布近 2 年的实践案例报告和理论研究成果；2012 年，希瑟·来瓦力奥著《雨水设计——雨水收集、贮存、中水回用》，将小范围雨水收集与技术工程有效结合；Darch，G. J. C.，Jones，P. J 编写《设计洪水流量与气候变化》，分析控制雨洪相关方法和限制因素。

英国 1999 年提出可持续的排水系统（SUDS），通过过滤式沉淀槽、洼沟等与 BMPs 技术措施结合，改善城市整体水循环和区域水生态系统。2007 年英国发生了大洪水，随后，英国政府组织调查发布了《皮特调查：从 2007 年洪灾中吸取的教训》，并开始大力推广可持续的排水系统，以雨水可持续管理为目标，模仿自然过程，缓慢释放雨水径流，促进雨水下渗，转变之前通过城市管网快速排水的方式。

日本于 19 世纪中期开始兴建雨水收集、回用设施，增加城市水资源自给自足的能力；1980 年开始实施雨水贮留渗透计划，缓解地下水资源短缺、地基下沉等城市问题；1981 年松林宇一郎编写《流域径流特性平均过程的基础研究》；1988 年成立"日本雨水贮留渗透技术协会"；1992 年颁布《第二代城市下水总体规划》，将雨水收集利用设施作为城市规划建设的重要部分，规定新建和改建的大型建筑需设置雨水蓄排设施；2000 年，日本制定新的《全国综合水资源计划》，构建可持续的用水体系；2005 年，雨水工作组编著《把雨水带回家——雨水收集利用技术和实例》，总结操作简便的雨水利用方法和实践经验；2011 年空气调节·卫生工学会编写《雨水利用实务的知识·设计、施工·维护管理手册》。

除以上国家外，还有其他国家形成了比较成熟的法规和理念体系，如澳大利亚的《雨水排放许可制度》《雨水管理和再利用的国家导则》《雨水收集器使用标准》以及水敏感城市设计（Water Sensitive urban Design，WSUD）理念、新西兰的低影响城市设计与开发（Low Impact Urban Design And Development，LIUDD）理念、新加坡的 ABC 水计划，重点关注雨水资源收集和国民教育。

6. 低影响开发的技术措施

在 20 世纪 70 年代，美国提出了最佳管理措施（BMPs），其技术重点在于减缓地表径流速度，增加地表径流的滞留时间，从而提高雨水下渗量，降低对地下水产生污染的程度。主要的工程设施包括：雨水湿地、生态浅沟、雨水塘、生物滞留池等，对雨水进行收集、沉淀，最后确保可以科学高效的利用雨水。这一方法主要在径流末端控制雨水。一直到 20 世纪 90 年代，美国提出了 LID，这是一种具有突破性发展的技术。1998 年低影响开发开始在全美范围推广和应用，随后其技术措施向欧洲、日本、澳大利亚等地区推广，得到广泛认可。

20 世纪 90 年代，英国提出了 SUDS，主张从源头对雨水进行控制，减少地表雨水径流量，在末端就近使用人工洼地及蓄水池收集回用雨水，并将雨水设施进行景观化处理。该方法对于城市雨水进行了宏观考虑，降低了雨水对于地表所产生的影响，同时解决了城市雨水地表径流污染的问题。

德国在 20 世纪 80 年代就建立了一套基于雨水收集、过滤、检测的雨水控制收集设施的相关规范。目前德国仍通过收集雨水、对雨水进行过滤、检测来完成雨水的收集工作。日本从 20 世纪 60 年代就对水资源的重复利用进行了研究，相关技术大多通过蓄水池收集降水，之后通过沉降杀菌消毒后作为生活用水使用。到了 20 世纪 80 年代，日本采取了对雨水进行收集和下渗的处理措施，用以补充地下水，改善生态环境。1992 年，日本对于城市水制定了第二代规划，主要针对雨水渗沟、渗塘等雨水设施。

国外低影响开发技术措施不断完善，设计目标逐步向保护水质、修复水生态系统和自然生物资源方面扩展。与旧城规划改造结合，形成绿色街道、绿色社区等技术；与新城规划结合，形成水敏感城市设计技术、低影响城市设计与开发技术和可持续排水系统技术等，优化传统城市市政管网排水形式。此外，技术措施向生态工程建设转变，发展成为场地综合规划技术、生态修复工程技术等物质技术措施，以及思想教育和维护管理等非物质技术，最终形成从宏观到微观的技术体系。

7. 低影响开发设计实践

自人们开始重视城市雨水资源利用后，美国、日本、英国、德国等国家相继开展了不同规模的低影响开发实践研究，为城市雨水的可持续利用提供了设计实践案例。

德国走在世界科技的前沿，具有丰富的雨水资源利用实践经验，所有新建项目都有雨水利用设施。1998 年，东西柏林交接处的波茨坦广场（Potsdamer Platz）改造项目中的雨水利用设计是最典型的成功案例。截至 2013 年德国通过拨款和补贴政策，为全国近 2/3 的建筑都安装了雨水收集设施，用于冲洗厕所和洗涤衣物。

英国利用透水地面、储存小范围雨水径流，净化后回用于清洁、灌溉。诺丁汉的建筑物均采用绿色屋顶和透水铺装，建设地下储水设施，提供生活清洁用水；2015 年布里斯托尔海滨项目建设可持续排水系统，利用绿色屋顶、管道、旱溪等设施控制雨水径流和芦苇净化雨水径流。

2013 年瑞士诺华公司总部项目，采用乡土植物，建设地面雨水利用设施和绿色屋顶。截至 2014 年 7 月澳大利亚为 170 万家庭安装了雨水储存设施。

日本的设计实践效果堪称亚洲典范。于 20 世纪 80 年代初，开始大规模应用透水铺装和雨水收集设施，如建在城市道路下的名古屋若宫大通调节池项目；东京墨田区建设小型装置储存雨水资源，再利用于景观、保洁以及消防灭火。2011 年 3 月地震之后，日本东部安装雨水储存设施的家庭数量急剧增加。

美国小规模实践以家庭为单位，建造雨水收集设施，超过 10 万住宅安装雨水桶，作为屋面落水管的末端处理设施。大规模的实践项目有 1993 年芝加哥地下隧道蓄水系统、2013 年摩尔广场项目、2014 年林地雨水花园、2016 年普吉特海湾区域开放空间项目等典型范例，通过低影响开发将景观和雨水净化系统融合，在节能和美观方面都有良好成效。

8. 各国、各地区低影响开发法规/指南

美国、欧洲、日本等地区分别结合自身特点提出城市雨水管理法规指南。

美国高度重视低影响开发体系的法制化建设，最早的水资源管理制度可以追溯到 1901 年的《联邦水法》，其后于 1902 年成立垦务局，1928 年颁布了《防洪法》，1965 年出台了《水质法》，规定各州水质标准的措施，1972 年出台的《清洁水法》限制排放以控制水资源污染。美国在《未来的水政策》中提出要减少水损失，提倡高效率用水。1987 年颁布《清洁水法》修正案首次提出了雨洪最佳管理措施（Best management practices，BMPs），后又颁布了《LID 设计手册》和《GI 设计标准》等，以控制和净化雨水径流为目的。在此基础上美国各个地区都制订了地方性的设计手册、法律法规。1999 年，美国绿色建筑协会创建了一套自发的、以绩效为基准的绿色评价系统，即《能源与环境先锋认证》（Leadership in Energy and Environmental Design，LEED）。2006 年，《可持续场地倡议》（Sustainable Sites Initiative，SITES）在 LEED 的背景上创建，旨在为景观设计、施工、养护实践提供指导与绩效标准；2009 年，美国绿色建筑协会与自然资源保护委员会、新城主义委员会合作创建的社区开发 LEED 认证（LEED for Neighborhood Development，LEED-ND），将对绿色建筑的评估扩展到对建筑周边景观环境的评估；2010 年，美国风景园林基金会（Landscape Architecture Foundation，LAF）颁布了景观绩效系列（Landscape Performance Series，LPS）。

欧洲：德国首先颁布《雨水利用设施》《雨水入渗系统的设计》等法规，规定未建设雨水利用设施的项目交纳雨水排放费；1995 年提出欧洲首个《室外排水沟和排水管道标准》，通过低影响开发设施防范洪水灾害。2002 年，德国完善相关产品工业标准；同年修订绿色屋顶技术具体规范，以及雨水利用专业协会（FBR）出版发布《屋面绿化与雨水利用合成技术》手册。2007 年英国将雨水利用正式以法律形式规范下来，颁布《可持续城市排水系统指南》；2009 年 4 月，英国成立"洪水预报中心"，建立广泛的洪水预警体系；2010 年 4 月，英国颁布的《洪水与水管理法案》规定了洪水预防和治理的措施及要求，法案对新建设项目提出了必须使用"可持续排水系统"的要求。

日本于 1980 年开始推行"雨水贮留渗透计划"；1988 年成立非政府官方组织"日本雨水贮留渗透技术协会"，其研究成果成为雨水利用法制化管理的法律基础。推行鼓励性政策，对建设雨水利用设施的项目实行经济补助；为防止城市内涝，制定《东京都雨水渗透指针》和《新的全国综合水资源计划》，简称"21 世纪水计划"。

以目前国外现状情况来看，各国、各地区都已制定了较为完善的低影响开发法规/指南，对我国制定相关法规/指南有很强的指导意义（表 1-5）。

表 1 - 5 国外低影响开发重要法规/指南列表

时 间	法 规	地区
1957 年	《联邦水法》（WHG）	欧洲
1986 年、1996 年	修改《联邦水法》	
1989 年	《雨水利用设施标准》	
1995 年	《室外排水沟和排水管道标准》	
2002 年	《屋面绿化与雨水利用合成技术》《ATV - DVWH - A138 工作手册》DIN1989（德国工业标准）	
2007 年	《可持续城市排水系统指南》	
2008 年	《欧洲水框架指令手册》	
2010 年	《洪水与管理法案》	
1901 年	《联邦水法》	美国
1974—1978 年	《雨水利用条例》（科罗拉多州、佛罗里达州、宾夕法尼亚州）	
1987 年	《水质法》（Water Quality Law）	
1993 年	第一部《生物滞留指南》（The Bioretention Manual）	
1998 年	全球第一本地区性低影响开发设计手册	
1999 年	《低影响开发水文分析》（Low Impact Development Hydrologic Analysis）	
1999 年	《能源与环境先锋认证》（Leadership in Energy and Environmental Design，LEED）	
2000 年	《2000 马里兰州暴雨设计指南》（2000 Maryland Stormwater Design Manual Volume）	
2002 年	《低影响开发设计策略：一个综合设计方法》（Low Impact Development——An Integrated Design Approach）	
2003 年	《低影响开发实践》（The Practice of Low Impact Development）	
2004 年	《最佳雨洪管理设计实践指南：1 - 3 卷》（Stormwater Best Management Practice Design Guide Volume 1 - 3）	
2006 年	《可持续场地倡议》（Sustainable Sites Initiative，SITES）	
2007 年	《ECOS07 - 10》决议	
2008 年	《雨水花园技术指南》（Rain Gardens Technical Guide）	
2009 年	LEED 认证（LEED for Neighborhood Development，LEED - ND）	
2010 年	《LID 设计手册》	
2010 年	景观绩效系列（Landscape Performance Series，LPS）。	
2013 年	《雨洪管理指导手册》（SMMG）	
2014 年	《GI 设计标准》	
2013 年	《奥克兰低影响设计手册》《GD - 04 指引文本》	新西兰
1896 年	《旧河川法》《森林法》和《防沙法》称为"治水三法"	日本
1967 年	《公害对策基本法》	
1970 年	《水污染防治法》	
—	《各国的水行政和水法》	

续表

时　间	法　　规	地　区
—	《将来的水需求预测》	日本
2001 年	《东京都雨水渗透指针》	
2003 年	《多自然型河流建设的施工方法及要点》	
2010—2015 年	《新的全国综合水资源计划》	

1.2.2　国内研究现状

国内城市选址自古以来都是遵照依山傍水的原则，我国的城市河道建设和国外一样走的也是先污染后治理的路线，虽然目前已经小有成效，但还存在很多问题，同时人们对城市河道绿地生态环境的认识也在逐步深入，治理已从最初的硬质化治理发展为恢复自然河道、保护生态环境以及可持续发展。

1. 城市河道绿地景观更新理论研究

华夏文明发源于河流，国内城市河道绿地的治理历史悠久。早期对河道治理的重点在于提高防洪能力，意识到治理弊端后，转变为"亲近自然"的治理理念，重视保护生态环境、地域文化和人文景观建设。

在 20 世纪 70 年代以前，防洪排涝、交通运输以及农业灌溉是国内河道的主要功能，另外，在 80 年代，有关于河道问题在全球范围普遍出现，使得国内的相关专家开始重视起河道生态景观方面的研究，并且主张对滨河堤岸的绿化带作为河道生态景观研究的重点对象。在 20 世纪 90 年代，因国内的河道生态景观问题日趋严峻，进而国内专家开始加强对河道生态景观方面的研究力度，这同时也标志了我国对河道生态景观研究的开端。

国内对城市河道绿地景观更新展开了多角度、多层次的理论研究，有国内外理论总结、空间形态研究、评价体系研究、工程体系研究等成果（表 1 - 6），主要侧重于水利工程和生态保护相结合，城市精神、人文方面理论成果与实施方法还比较薄弱。

表 1 - 6　　　　　　国内城市河道绿地景观更新理论主要研究列表

研究方向	理论成果或代表人物
中国古代科技研究	《中国古代城市防洪研究》（1995 年吴庆洲） 《陂塘景观研究进展与评述》（2015 年俞孔坚等）
国外研究总结	《访日系列报告》（2002—2003 年刘树坤）；《日本"多自然河川"治理及其对我国河道整治的启示》（2015 年朱伟、杨平、龚淼）；《浅谈现代城市生态河道整治》（2010 年刘颖等）；《生态学原理在河道景观设计中的应用》（2018 年尹三春） 1997 年张庭伟；2001 年郭焕庭；2008 年由文辉、顾笑迎；2009 年薛彦东
国内现状总结	2011 年李彦博、李继业、王春；2015 年张芝屏、张东华、张姝姝、张银龙等 2006 年汤振宇、张德；2007 年杨怡萌；2008 年张浪；2010 年曾昀；2013 年黄榜斌；2008 年黄建军、许稻香；2012 年张万玲
空间形态研究	《城市滨水空间规划模式探析》（2008 年吴俊勤等）；《新城建设背景下的城市滨水空间设计研究》（2006 年吕林忆）
评价体系	2004 年王紫雯、秦卫永等；2006 年尹晓煜；2006 年吴阿娜等；2014 年段文军；2016 年张晓燕

研究方向	理论成果或代表人物
水质治理	1977 年胡洪营、孙艳、席劲瑛；2015 年孟伟、汪炎炎、刘梅群、潘华；董晓娜；2017 年赵新宇；李成、李海波等
生态堤岸设计	《城市河道景观设计模式探析》（1999 年束晨阳）；《遵循自然过程的城市河流和滨水区景观设计》（2000 年孙鹏等）；《论景观水系整治中的护岸规划设计》（2004 年刘滨谊等）；《城市滨水多目标景观设计途径探索》（2004 年俞孔坚等）；《城市河道及滨水地带的"整治"和"美化"》（2003 年俞孔坚等）； 2009 年夏继红、严忠民；2010 年薛健；2014 年吴睿珊、章家恩、梁开明；2015 年沈燕；2016 年任培军
水利工程影响	2005 年杨海军；2007 年董哲仁；2007 年陈庆伟；2009 年李蓉、郑垂勇、马骏；2014 年尚淑丽、顾正华、曹晓萌；2015 年王波、黄德春、华坚等
河流近自然设计	2007 年高永胜；2010 年高甲荣等；2013 年谷勇峰、张长滨；2016 年王文奎、吴丹子、王晞月、钟誉嘉
非物质更新	2002 年陈德雄；2005 年郭军；2011 年王君、明亮、付军；2013 年杨静、周云、胡海辉；2014 年刘杰

2. 城市河道绿地景观更新技术措施

我国城市河道整治技术措施初期以建设航道、水库、水坝等水利工程为主，后期以防洪排涝与水利工程技术结合，对生态系统造成了一定程度的破坏。如今以综合治理为技术措施，开始注重城市河道绿地的环境保护，利用传统技术和自然材料，减少人工工程干预，保留和恢复自然河道地质构造，创造多种水体流动方式，模仿自然河道形态，为生物多样性提供条件。由于城市河道绿地景观是水陆交错带，生态系统最为复杂，岸坡防护工程技术是城市河道绿地景观更新技术中最重要的部分，国内对于岸坡防护的相关技术研究也最为系统。

总体而言，国内城市河道绿地景观更新技术措施还比较薄弱，在环境保护、生态修复、水质改善、栖息地修复和景观营造等多方面的有机整合还处于探索阶段。

3. 城市河道绿地景观更新设计实践

国内对于城市河道绿地景观更新研究已经引起了高度重视，在生态修复和开发管理方面，对于水质净化、生态岸坡建设、生态景观设计等应用领域取得了大量实践经验。如太原市汾河生态河堤整治项目、中山市岐江公园生态护岸项目、浙江台州市黄岩永宁江右岸修复项目、江苏镇江市运粮河示范项目等都是国内生态治理领域的典范。此外随着人们生活品质的提高，开始在城市河道绿地景观设计的人文精神建设领域加大投入，典型案例如苏州平江历史街区、合肥环城公园风景规划以及大连、青岛、威海等城市滨水区设计。

总体而言，国内城市河道绿地景观仍面临着严峻的挑战，目前的设计实践以贯通慢行空间为首要建设目标，主要通过土地置换，重组空间结构的方式，还无法完全满足人们景观游憩和生态服务的多重需求。

4. 城市河道绿地更新法规指南

随着思想观念的不断更新和经验总结，国内城市河道绿地更新理念开始在更高层次探索，取得了较大的进展。在地方层面，多个省市都相继出台地方性法规指南，如 2000 年《杭州市河道管理条例》，2010 年《上海市河道管理条例》。

20世纪国内城市河道绿地更新相关法律指南，以防治污染、修复生态环境、保护自然河道水质为目的。1973年国务院召开首次全国环境保护会议，制定了《关于保护和改善环境的若干规定（试行草案）》，这是我国第一部环境保护的综合性法规。之后颁布了一系列相关法律法规，制定了《工业"三废"排放试行标准》，促进环境保护；颁布《中华人民共和国河道管理条例》，保障安全防洪和航运功能；制订《中华人民共和国防汛条例》，明确防汛应急措施，提高应对灾害的执行力度；发布《水利旅游区管理办法（试行）》，促进水上旅游业的发展。尽管制定和颁布了诸多法规，但是由于当时国内经济正处于高速发展时期，水污染问题并没有得到有力遏制，各个水系受污染严重，各种环境问题日益凸显。

21世纪后国内加强法制化建设，治理理念和旅游业相结合，兼顾经济效益，制定《水利风景区管理办法》和《水利旅游项目管理办法》，在全国范围内开展国家水利风景区申报工作；颁布《中华人民共和国内河交通安全管理条例》，对河道内的航运、旅游活动进行整治；制定《太湖流域管理条例》《黄河水量调度条例》，从流域范围的大尺度角度出发调度水量，保护水资源；制定《中华人民共和国水文条例》，加强城市水文监控，保护人们生命财产安全；2008年，中欧环境管理合作计划（EMCP）机制开发项目推出《城市河流生态修复手册》；2014年修订，2015年公布《中华人民共和国环境保护法》；发布《关于全面推行河长制的意见》加强地区性长效管理模式建设，2017年推广"河长制"管理方式，改变原有治理态度，重视城市河道绿地的后期管理。

目前，国内相关法规的建立尚有很多不足之处，例如由于政策背景相同，导致国内部分相关法规、条例重复、流域管理范围与行政管理范围冲突、相关部门管理权力和责任范围不明确等。国内相关法规/指南在借鉴国外经验时，需结合地方经济特点，符合社会实际需要，保护国家和人民利益（表1-7）。

表1-7 **国内城市河道绿地更新相关代表性法规/指南列表**

时　间	法　规
1973年	《工业"三废"排放试行标准》
1974年	《关于保护和改善环境的若干规定（试行草案）》
1988年	《中华人民共和国河道管理条例》
1988年	《中华人民共和国水法》
1991年	《中华人民共和国防汛条例》
1997年	《水利旅游区管理办法（试行）》
2000年	《杭州市河道管理条例》
2002年	《中华人民共和国内河交通安全管理条例》
2004年	《水利风景区管理办法》
2006年	《水利旅游项目管理办法》
2006年	《黄河水量调度条例》
2007年	《中华人民共和国水文条例》
2008年	《城市河流生态修复手册》

时　　间	法　　规
2009 年	《上海市河道绿化建设导则》
2010 年	《中小河道治理规划导则》
2015 年	《中华人民共和国环境保护法》
2017 年	推广"河长制"管理方式

5. 低影响开发系统理论研究

国内对于低影响开发也进行了多角度的理论研究，研究尺度涉及宏观、中观和微观三个层次。在环境工程方面，以生态安全、景观生态学为基础，提出系统性的理论体系；植物学方面，基于雨水资源储存设施整合植物配置种类；工程技术方面，制定量化标准，准确计算低影响开发设施规模；综合管理方面，还缺乏权威的理论体系，主要作者研究成果列表如下（表1-8）。

表1-8　　　　　　　　国内低影响开发理论研究主要成果/作者列表

研究方向	理论成果/作者
国内外作者研究成果总结	国内外成果总结：2000 年任杨俊、李建牢、赵俊侠；2009 年吴普特；2015 年万映伶、丁爱中 国外成果总结：2006 年洪亮平、胡方；2012 年黎小龙；2015 年李乐、张颖夏、刘文、陈卫平、彭驰；2016 年张毅、王文亮、李俊奇 国内成果总结：2014 年水利部发展研究中心、住房和城乡建设部；2015 年刘垚；2016 年赵华、张翼；2017 年李铮、段然等
径流污染控制	2004 年车伍、刘燕；2009 年李立青、尹澄清、郭青海、马克明；2013 年任玉芬、王效科、欧阳志云；2016 年王文亮、李俊奇、张鹍
评估方法	2001 年马克明；2007 年李俊奇；2010 年李美娟；2012 年郑鑫、刘志勇；2016 年秦子明、车伍
植物学规划尺度	2010 年刘佳妮；2012 年王佳、王思思；2017 年单进、戴子云；2008 年车伍、周晓兵；2009 年吴普特、冯浩；2013 年徐兴根
技术体系	《海绵城市建设技术指南》（2015 年住房和城乡建设部）；2016 年桑明辉、柳世军、邓琳；2016 年中国风景园林学会；2016 年车伍、李俊奇
工程技术	《城市雨水利用技术与管理》（2006 年车武、李俊奇）；2010 年金家明；2013 年王思思、车伍；2012 年姜昕、刘颂、刘悦来；2013 年王佳
工程实践	2007 年宋云等；2008 年张书函、陈建刚；2009 年胡良明、高丹盈；2010 年潘安君；2010 年孙艳伟、魏晓妹；2014 年孙静愚；2016 年郑锴

现阶段，我国主要是通过对国外理论的引用，构建符合我国国情的理论体系，同时努力开拓多学科、多专业的融合模式，但由于起步较晚，目前尚未建立统一完整的理论研究体系。

6. 低影响开发的技术措施

基于目前城市化带来的严峻的生态问题，很多城市都开始重视低影响开发技术的应用，我国先后公布了两批国家海绵城市建设试点城市，如北京、深圳、太原、石家庄、唐山等城市都根据当地的气候地理条件以及经济政策背景开展了低影响开发技术的建设要求和应用。

我国学界也通过不同角度开展了低影响开发技术的应用研究。如王红武、毛云峰、魏源源等基于应用场地性质、应用效果的角度，针对性提出低影响开发技术措施的详细要求；徐涛、刘文、陈卫平从雨水循环阶段和雨水控制方式的角度，对低影响开发设施进行分类，构建完整的雨水链；俞孔坚等从流域角度，制定安全格局，规划低影响开发设施布局。此外，车伍等研究人员对于低影响开发相关设施如生态滞留池、屋顶花园、下凹式绿地采取了建模研究（SWMM暴雨洪水管理模型）和（SUSTAIN城市暴雨处理及分析集成模型）等，相关实证运用研究也取得了一定成果。

综上所述，场地规划设计是低影响开发技术的重要环节，但目前技术研究的侧重点仍以小尺度的单体建筑为主，城市规划、景观规划等大尺度布局结合相对薄弱。尤其国内目前的雨水利用设施都是以回用雨水、缓解水资源为目的建造的，相对忽视径流控制的能力，整体协调性较差，综合效益较低。

7. 低影响开发设计实践

目前传统的以"排"为主的灰色雨水系统已经无法满足城市发展的需要，城市雨水资源处理方式逐渐向可持续雨水利用转变。此外，随着人们对于生活品质追求的提高，不再仅仅满足于其仅有的生态雨洪价值，人们对于景观游憩价值的需求也日益强烈。

所有艺术的外在表现形式都需要科学技术的支撑，怎样结合雨水利用设施与景观空间，怎样组合单体雨水利用设施等问题都是目前国内低影响开发领域所亟待解决的重点。目前，已涌现出不少优秀的雨水景观案例，如上海辰山植物园项目，典型的雨水景观；哈尔滨雨洪公园项目，以解决频繁发生的洪涝灾害为目标；上海后滩湿地公园项目，以增强雨水的渗透量，收集雨水资源为目的；贵州六盘水湿地项目，构建雨水资源循环回用体系；2015年广州莲麻村生态雨水花园项目，将公共活动和生态修复结合；2016年深圳市宝安艺术和文化中心，利用建筑结构和绿色屋顶达到节能效果；2017年中国天津"候鸟机场"项目，营造生态湿地公园设计。

此外，经过几年的发展，国内雨水储存利用设施十分普及，截至2000年，甘肃已建成200多万个蓄水池，为近2万人提供7300万升水；2001年后全国近17个省大力建造雨水存储设施，储存量超过550万罐；2009年我国台湾将建设雨水存储设施，回用雨水代替生活用水的规范写入"台湾水法"中。

总体而言，国内设计实践的对象主要是新规划建设用地，对于已建成和用地复杂的区域实践研究较少；宏观的设计实践也较为缺乏，以小规模应用为主。

8. 低影响开发法规/指南

国家级管理部门已相继出台多部低影响开发技术规范，对旧城改造与新城建设的具体措施进行了深入探讨。如针对室外排水、建筑小区、绿色建筑、绿色屋顶、公园河道等不同场地的雨水资源化利用，详细制定相关技术规范，GB 50400《建筑与小区雨水利用工程技术规范》填补了国内关相关法规的空白；以及GBJ 14《室外排水设计规范》和CJJ 37《城市道路工程设计规范》等。

针对雨水利用技术出台了多部相关指南，综合归纳雨水利用设计技术规范，《雨水集蓄利用工程技术规范》是国内雨水利用技术成熟的开端；2014年发布《海绵城市建设技术指南——低影响开发雨水系统构建》，系统概述低影响开发技术指导。2015年8月，住房和城乡建设部发布《海绵城市建设绩效评价与考核办法（试行）》，从宏观层面上考核水生态、水环境、水资源、水安全、制度建设及执行情况、显示度 6 个方面。2018 年，国家标准《海绵城市建设评价标准》发布，自 2019 年 8 月 1 日起实施。

但目前国内在项目建成的后期管理方面还缺乏系统的法规指南，以及量化的验收标准，导致设计目标难以保证实施，设计质量无法衡量。

在低影响开发背景下的城市河道绿地景观更新领域，国内研究学者展开了积极的探索，提出了符合国情的理论研究、技术措施、设计实践和法规指南，但是与国外还有较大差距，这不仅受限于经济发展水平，更受限于观念和技术体系，因此还需谦逊学习国外先进的治理理念、理论成果和技术体系（表 1-9）。

表 1-9　　　　　　　　　国内低影响开发代表性法规/指南列表

时间	法规
2012 年	GBJ 14《室外排水设计规范》
2013 年	《雨水集蓄利用工程技术规范》
2014 年	《海绵城市建设技术指南——低影响开发雨水系统构建》
2015 年	《海绵城市建设绩效评价与考核办法（试行）》
2016 年	GB 50400《建筑与小区雨水利用工程技术规范》
2018 年	CJJ 37《城市道路工程设计规范》
2018 年	《海绵城市建设评价标准》

1.3　研究目的和意义

近年来，我国是世界上经济发展及城市化速度最快的国家之一，但是日益严峻的城市水环境问题，阻碍了我国城市的可持续发展。

河道绿地是整个城市生态网络的重要组成部分，是城市雨水链的重要一环，是海绵城市低影响开发的重要组成部分，同时河道也是城市生态、经济、社会效益的重要载体，对城市的发展具有重要的意义。针对河道绿地的低影响开发和海绵化改造，有助于增强河道的收集、调蓄等生态功能，缓解城市水资源短缺以及内涝等水问题；同时有利于提升河道绿地的生态环境，提升景观品质发挥其景观游憩等社会服务功能。

综上所述，低影响开发理念对于城市河道绿地的设计无论在景观价值还是在生态价值上都具有重要意义，本研究的目的和意义在于根据低影响开发的理念更新优化传统城市河道绿地景观，响应政府提倡的低影响开发理念，在生态价值方面，优化河道绿地的生态雨水效益，通过改善城市雨水环节优化城市的水资源利用、缓解城市内涝、优化河道绿地自然环境、减少市镇建造维护成本；在社会价值方面，与景观美学相结合，使城市河道绿地景观兼具应对城市雨水问题的能力和休闲游憩功能。

1.4　研究内容

本书主要分为以下六个部分。

　　第一部分是绪论，主要介绍本书的研究背景、国内外研究现状、研究目的和意义、研究内容、研究方法和研究框架。

　　第二部分是城市河道绿地低影响开发景观相关理论研究，作为第二章节。首先阐述低影响开发的概念、设施分类、设计原则和目标；其次，梳理城市河道绿地发展历程；再次概述城市河道绿地的概念、构成要素、功能和特征；最后，辨析城市河道绿地景观与低影响开发的耦合关系。

　　第三部分是基于低影响开发理念的城市河道绿地更新策略，是本书的第三章节。首先，梳理低影响开发理念用于城市河道绿地景观更新的更新原则；其次，将更新策略分为汇水面物质更新、景观物质更新和非物质更新三大部分，详细说明每项策略，综合归纳具体应用方式。

　　第四部分是城市河道绿地调研，为第四章节。首先对黄浦江、苏州河、京杭运河、钱塘江进行实地调研；然后将案例景观的构成和低影响开发设施应用情况进行综合对比，总结目前存在的主要问题和设计条件。

　　第五部分依据上述研究成果对上海黄浦江东岸绿地景观更新进行概念设计。

　　第六部分是最后一章，对研究成果进行总结和展望。

1.5　研究方法和研究框架

1.5.1　研究方法

　　1. 文献分析法

　　文献收集过程中，检索国内外城市河道绿道以及影响开发的相关资料，借助数据库和丰富的网络资源，获取书籍、期刊、学位论文、学术会议等多渠道积累相关研究的理论成果和前沿资料，例如已成熟完善的雨洪管理方法、相关绩效评价指标、河道治理方法，以及相关的低影响开发以及河道绿地设计典型案例，通过阅读学习、分析利弊、归纳总结、提取合适的方式方法指导研究的进行，以确定研究的重点及方向。

　　2. 实地调研法

　　通过实地调研，获取黄浦江、苏州河、京杭大运河和钱塘江等具有代表性的城市河道绿地的景观现状信息，低影响开发设计条件、雨水利用现状等第一手资料。对不同城市河道绿地景观设计进行综合比较分析，取其精华，为本研究的概念设计提供理论支持和技术指导。

　　3. 跨学科研究法

　　研究低影响开发背景下城市河道绿地更新设计，涉及低影响开发、雨洪管理、河道生态、城市规划、景观设计、市政工程等多项内容，涉及景观、生态、建筑、规划等多个学科领域。本书拟通过梳理与低影响开发和城市河道绿地设计相关的学科理论，对相关研究成果进行归纳，总结相关学科的理论依据，得出城市河道绿地低影响开发的具体实现途径和设计模式，避免针对某一学科的片面性研究，使研究结论更具科学性和可靠性。

　　4. 案例分析法

　　在充分的理论研究的基础上，通过对国内具有代表性的城市河道绿地设计案例进行分析思考和建设经验的归纳，总结出目前国内相关实践总体存在的问题，为我国低影响开发背景下河道绿地的更新设计优化提供借鉴和参考，针对普遍存在的问题提出建设性意见；结合我国现状条件，提炼出符合我国国情的城市滨河绿道低影响开发雨洪管理的景观规划设计模式。

1.5.2 研究框架

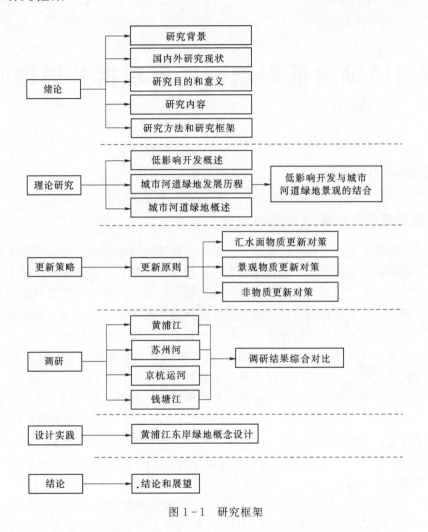

图1-1 研究框架

第二章

城市河道绿地低影响开发景观相关理论研究

2.1　低影响开发概述

2.1.1　低影响开发的概念

在城市化过程中的许多基础设施建设以及下垫面硬化现象阻碍了自然的排水进程，对水资源利用有巨大的负面影响。城市建设面积持续向外扩张，乡村绿地、农田等被硬质铺装覆盖，自然生态系统也发生巨大变化。在城市排水方面，由于过度城市化造成下垫面硬化的问题，提高了城市区域暴雨洪水的可能性，暴雨洪水下渗面积削减，汇流的速度迅速加快，多余的雨水不能得到及时排放，传统自然状态下的水利调节机制产生巨大变化，加上传统城市排水系统落后和全球气候变暖，"城市看海"现象屡屡发生，最后导致城市地区的内涝危机随之增加。为了应对城市降雨造成的污染问题，美国在20世纪90年代提出了一种新的风暴管理技术。在美国环境保护署的赞助下，马里兰州乔治王子县环境资源部门实施了LID技术，这一项技术措施起初用于暴雨资源管理，之后也被用在污染削减及污染去除策略上。目前，LID除在美国广泛使用外，也已拓展到其他国家，如澳大利亚建设水敏感城市（WSUD）、英国的可持续排水系统（SUDS），以及我国的海绵城市建设等都是基于该理念提出的。

作为一种雨洪管理理念，LID也被称为低影响城市开发与设计（Low Impact Urban Development and Design，LIUDD）或LID。低影响开发概念的主要目的是对区域雨水径流尤其是场地内多余雨水径流进行源头管理，通过尺度适宜与分散布置的雨洪管理设施，尽可能地保持场地在建设开发前后水文状况的一致，最大限度地减轻城市下垫面硬化面积持续增加所造成的径流峰值、径流污染以及径流总量对周边环境产生的不利影响。

从宏观上考虑，LID不仅是简单的雨洪管理措施，它还可以为城市与区域的建设构成基本发展框架，并涉及市政、交通、环境保护和土地利用等多个方面。对于场地内绿色基础设施的发展，透水性道路、雨水花园、绿色屋顶和人工湿地等LID措施能够为其提供技术性支持。LID 措施的三个主要特点是分散处理、景观融入以及源头管控，而园林设计中的营造手法在微观尺度上与 LID 技术措施的合理有效结合，赋予了 LID 技术措施的多功能性，使之更容易为业主、公众所接受，因而已广泛为北美、欧洲等国家接受，并越来越受到世界范围的关注和认可。从以纽约为主的城市开始实施绿色基础设施总体规划可以看出，低影响开发的理念有向绿色基础设施逐渐转化的趋势，也就是从更加系统化的角度，将 LID 的多重源头分散控制设施视为网络神经元，从生态网络的角度来构建低影响开发骨架，并以跟多个政府不同部门合作作为主要手段来形成体系化的低影响开发。

2.1.2　低影响开发的设施分类

根据雨水在自然中的循环路径，将低影响分为三大系统：雨水渗透收集系统、雨水净化输送系统和雨水调蓄储存系统。对各项设施的概念、结构、功能、适用场地和适用性评价进行分析，以选择最佳单体设施或组合设施，使雨水利用与景观形式结合达到技术与艺术的并行。在此需要说明的是，自然雨水循环的每个环节都具备多种功能，只是主要功能有所区别，同时雨水径流也是灵活多变的，相同的环节在不同的情况下会产生不同的效果。因此本书对低影响设施的分类是基于一定情况下进行的，并不是绝对的。

低影响开发技术设施具有多样化的功能，以生物滞留槽为例，可以滞留雨水以及通过各种土壤材质的选择和植被的种植实现净化雨水的目标。但是只使用一种 LID 设施的效果并不明显，需要组合几种使用。以城市道路为例，可以使用透水性材质路面，对大量的雨水径流进行渗透、收集，而后通过城市道路两侧的植草沟在雨水下渗的同时，隔离雨水中体积较大的污染物，其余的雨水再进入雨水花园得到滞留并吸附小颗粒污染物。净化后的雨水能够通过储水装置，用于生活用水、景观灌溉等，最后达到有效利用雨水资源的目的。根据先前学者的研究，目前应用效果较好的 LID 设施有生物滞留槽、透水铺装、绿色屋顶、下凹式绿地、植草沟等。

低影响开发的设施选择应经济有效、因地制宜以及方便易行，而且需要深入调查基地周边的水质水量、场地特征、用地性质与社会环境等因素。周边用地性质会直接影响流入低影响开发场地的径流的水量与水质，从而影响设施的强度及类型。

2.1.3　低影响开发的设计原则和目标

低影响开发改造的本质是充分发挥道路、建筑、绿地及水系等自身的生态系统功能，对雨水采用吸纳、渗蓄、净化、缓释等改造方式，控制雨水径流，恢复城市原有的生态水文状况，维持场地内开发前后水文特征的一致，从而达到改良水环境、涵养水资源、修复水生态等目标。在保证防涝排水安全的情况下，可极大程度地降低城市开发过程中对自然环境的影响，即做到低影响开发建设。

低影响开发尽可能的保护城市绿地空间，保障自然渗水面积比例，减小人工开发强度，建设雨水循环路径，从源头开始控制雨水径流，达到保护场地开发前后水文状况一致。

（1）尊重自然。低影响开发以保护生态环境为原则，顺应自然循环规律。通过分散的、小型的设施，软化城市硬质区域，减少市政管网建设，重点保护自然排水通道，提高城市水生态环境的自我修复能力，将工程影响降到最低，尽最大限度的能力保护自然水环境，增强场地自身的雨洪调节能力，实现城市的可持续化发展。

尊重自然原则主要包含两方面的内容。首先，绿化是河道绿地景观设计的重要手段。在景观的规划与设计中，着重强调生态优先的理念，在保持水环境天然结构的前提下，人们要以当地树木为主，强调生物多样性的特点，进而打造出风景优美的城市公园。其次，任何人为性质的规划设计行为都会对自然生态环境造成一定程度的影响，因此，在规划设计之前，应该考虑场地的地形、植被和气候等自然因素。

园林景观设计的核心原则是人与自然的和谐共存，即在园林景观设计中要充分调查设计场地的自然环境，认识到城市建设发展中人与自然是相互联系的，在建设人工环境时，不以牺牲自然环境为代价，用可持续发展的理念进行人工环境的建设，真正做到人工环境与自然环境的和谐统一。在城市建设中，应保护湿地、湖泊、河道、沟渠等生态敏感区域，利用低影响开发技术设施与自然雨水排放系统，达到暴雨洪水的自我渗透和自我净化，增强水体生态系统的自我修复能力，维持城市良好的生态功能。在设计中，一定要考虑到河流治理方面的内容，根据生态完整性的理念，选取相应的生态护岸结构，建设出适合多种生物共同生存的新型河道。在河道的规划设计中，不仅要考虑到生物多样性的特征，还要考虑微生物降解、吸收以及泥土特性等方面的特点。

（2）因地制宜。低影响开发设施具有强适应性，适合多种用地现状和不同强度的降雨情况。

基于因地制宜的原则，应根据区域和地方生态环境系统，包括气候条件、水文特质、地形条件、土壤类型等相关现状，结合当地水环境保护及洪涝控制要求，合理制定低影响开发目标，科学布局低影响开发设施，优先选择乡土植物，整合城市规划，以达到节约工程成本，提高经济效益的目标。

对于不同地区的城市，有着基于区域差异的地域特征，而恰恰是各种多样化的地域特征构成了吸引大众的重要因素。在具体的设计当中，设计工作者需要深入考虑场地的地域特色，尊重设计场地的历史文化，最大限度地运用当地材料，结合当地的地形地貌与气候，不管是在景观设计形式上还是在植物种类的搭配和选择上，都要能够切合当地居民的生活习惯，让人们在休闲娱乐活动中体会到城市的历史文化内涵。在一些历史文化名城的改造设计中，还应重视设计在内容与形式上同周边环境的协调统一，突出城市的历史文化特征，弘扬城市原有的人文精神。

深入分析城市气候、地形地貌、河流湖泊分布等自然特征，以及开发城市性质、城市建设布局、水利建设基础等人文因素，合理确定建设任务目标、设计方案，推动城市发展与水资源水环境承载力相协调。按照河道原有自然条件，例如气候变化规律、水资源状况、水文特征等，确立河道低影响开发利用目标，并将植草沟、生物滞留槽、透水铺装、雨水花园、多功能调蓄等低影响开发技术设施运用到设计中。

（3）复合功能。遵循叠加用地功能的原则，将低影响开发与城市景观、生态环境和社会服务结合，提高城市土地资源的利用率。将城市街道、广场、停车场、水景等作为低影响开发的载体，兼具雨水调蓄和公共使用功能。

丰富城市公共空间类型，提升城市宜居性，协调城市雨水资源矛盾，提高低影响开发的社会效益，以构建良好的城市水环境为目标。

河道绿地不应只有改善生态环境的作用，对于美化城市环境和防洪也需要发挥到适当的作用。规划设计者要增加滨水区域的游玩设施和景观效果，提升场地的价值，从而吸引人们到此聚居，最后达到推动城市建设发展的目的。因此，实际的规划设计应该按照统筹规划的原则，采用种植土混合技术、植物固定技术、生态护坡技术以及为河道绿地提供稳定的结构，使得陆生植物和水生植物能够提升场地整体的景观效果。在满足基本需求的情况下，规划设计者要考虑到多方需求，把河道绿地建设成复合型的城市公共空间。城市河道区域的治理不单是解决防洪防涝、水运等功能的问题，还应该包括改良水体自然环境，提升河道设计的亲水性，扩大河道绿地的景观效应，提升河道区域土地价值等问题。如果仅仅从一个方面着手，可能将会造成自然或人文资源的浪费，以及对自然环境带来巨大的破坏，因此必须统筹兼顾，整体协调。

（4）形象提升。低影响开发不仅关注雨水资源循环利用，其独特的艺术价值，也能够增添城市活力，优化城市环境，达到提升城市形象的目的。

应将其物质形式与景观形式结合，以艺术化为指导原则，重视低影响开发设施的景观效果，塑造不同的空间形态，如雨水湿地、雨水花园、植被缓冲带等，增加城市空间层次，创造不同于以往的视觉享受。

城市景观设计是伴随着城市化而兴起的，随着城市化的发展，城市景观设计理念也在不断更新，当前的城市景观设计不仅停留在简单的外观设计上，还需要体现地方特色，传承地域文化精神，因此，城市河道绿地景观设计作为城市景观设计的重要内容之一，也应当坚持该方向，充分挖掘本地的自然特色和人文特色，将其融入河道景观设计中，不仅可以向游客宣传城市特色文化、提升城市价值，对于加强市民的集体荣誉感和建设和谐的城市环境也有着重要的作用。

（5）安全为重。应在保障社会经济安全和人民生命财产安全的前提下，采用工程性或非工程性技术措施来提高低影响开发设施的管理水平与建设质量，解除各种安全隐患，提升减灾防灾能力，确保城市水环境安全。

在城市河道水环境治理过程中，治理人员应以城乡防洪排涝安全为原则。通过堤库结合的河道整治方式，可保证城市居民生活环境的安全和舒适。确保河道原有功能不降低，对于有防洪功能的河道，应在满足相关防洪法律、法规、规范与标准要求的前提下，保证河道有足够的行洪排涝断面；对于有供水功能的河道，应在满足相关水源、水功能保护条例、办法等的前提下，减小或避免对水质的不利影响，保障供水安全。

（6）以人为本。对于城市河道亲水效果的营造，必须考虑城市河道的走向和河道的驳岸等因素，所以在治理河道的过程中，应根据人文景观特性及居民的审美要求开展亲水设计工作，从而使居民对生活环境质量有较好的满意度。

水生态环境系统修复是人与人之间和谐发展、人与水生态环境和谐发展的重要保障。在城市河道环境开发过程中，相关部门应当将以人为本作为主要原则，在实际场地的设计规划中重视各类人群的行为规律，合理安排观赏路线、观赏视线、活动路线。以市民的现实经验和实际感受来进行城市的建设与开发，满足市民的物质需求与精神文化需求，使得城市更有魅力，为了提升对人的关怀，从城市休闲活动场地的数量、质量、多样性、可达性、开放性、安全性等方面入手。

2.2　城市河道绿地发展历程

2.2.1　顺应河流——萌芽阶段

在古代，人们对山水有着深切的依恋，城市河道不但肩负生活供水、物质运输、防洪排涝的民生功能，同时还具备重要的军事功能，是城市防御的天然屏障。周庄、上林苑等古代传统园林，即是利用河道原始状态建造的，极其注重保护河道绿地原有的自然景色。在由中国传统哲学观念主导城市河道绿地的萌芽阶段，人与水和谐共生。

这一阶段城市河道的社会服务功能慢慢形成，但还是以自然功能为主。人类对大自然是敬畏的，从河流湖泊中获得水资源对农田进行灌溉，将城市河道视为母亲一般。此时人类的活动对城市河道并未造成太大的破坏，河道自身的净化功能可以解决人类活动产生的污染问题，然而，河道偶尔也会给人类带来灾难，例如黄河，从先秦至 1949 年的 2500 多年内，黄河下游地区决溢达 1500 多次；19 世纪多瑙河数次洪水淹没维也纳地区；塞纳河在 1910 年和 1923 年两次淹没巴黎地区。从此人类对河道的认识渐渐加深，并积极进行水灾治理和开发水利资源，建成了京杭运河、都江堰等著名的水利工程，这些工程设施直到今天仍然发挥着不可小觑的作用。

2.2.2　快速发展——兴盛阶段

鸦片战争后，工业化时代到来，大量工业经济冲击传统小农经济，生产力得到大幅提高。因此造成城市人口数量激增，城市用地愈加紧张，扩张城市范围势在必行。同时城市河道绿地因为丰富的土地资源和便利的交通条件，成为当时城市扩张的首选区域，码头、仓库、工厂纷纷聚集于此，成为城市的核心区域，并将城市河道绿地迅速推至兴盛阶段。

这一阶段以突出河道的社会服务功能为主，并以不惜牺牲自然环境为代价。依据各国发展水平的差异，该阶段的持续时间也自然而然有所不同，欧美国家持续到 1960 年，而中国则持续到 1990 年。正是由于城市规模的迅速扩大与社会生产力的快速发展，城市河道的社会服务功能也不断强化，从水运到防洪防涝，城市河道区域整治进行了河道硬化、截弯取直等水利开发工程的建设，加强了河道的行洪排涝能力，也使得河道自然生态系统遭到了巨大的破坏，因此城市河道原有的自然功能渐渐丧失，造成了水质污染、河道淤积等显而易见的问题，继而变成黑臭污染水体，对于市民的日常生活产生了不利的影响，许多城市不得不对河道进行掩埋来暂时解决这一问题，例如韩国对清溪川的掩埋处理。

2.2.3　污染严重——衰落阶段

工业时期的快速发展为城市河道绿地带来空前的繁荣，但也对城市河道绿地的自然环境造成了巨大破坏。城市河道内充斥着生产生活污水，自然驳岸硬质化转变切断了城市和河流的联系。尤其为了扩大城市用地，城市河道被裁弯取直、日渐狭窄，甚至大量城市河道被填埋，水运交通也被铁路交通所取代。加之城市产业结构调整，经济产业重组，工业、交通用地从城市河道绿地迁走，遗留的大量工业厂房造成严重的环境污染，以及缺少市政公共设施，就此其土地价值逐渐降低进入衰落阶段。

首先，由于工程建设、城市开发等诸多因素的影响，使得城市河道改道，城市河道原有的自然生态系统遭受了巨大的破坏，以及河流本身的自我净化能力降低；其次，许多工厂盲目追求经济利益，不顾国家法律法规，工业废水被大量排放到河道中，加上不到位的政府监管，河道周边居民的生活用水也被毫无节制地排放到河道，最后产生了严重的河道污染问题，对于城市居民的日常生活和城市外在形象也同样带来了不利影响；最后，作为城市的一部分，城市河道应当成为城市当中亮丽的风景，然而相关政府部门往往忽视了这一点，相反却不断扩大城市建筑面积，使河流流域面积急剧减少，并且河流被人为截断变成很多小段，逐渐失去了其本身的观赏价值。

2.2.4 生态修复——复兴阶段

随着城市的发展，社会经济实力增长，改善生活质量、创造优美环境成为人们精神文明需求的一部分。城市河道绿地作为重要的公共开放空间，对维系城市生态稳定性有着不可推卸的责任和义务。城市河道绿地的经济价值、景观独特性在新经济发展趋势下逐渐扩大，"和谐修景，生态可续"成为新的治理方向，进入以实现可持续发展、打造城市形象、推动城市经济、创造舒适人文环境为目标的复兴阶段。

该阶段注重城市河道自然生态功能和社会服务功能的统一，以低影响开发的理念开展河道综合管理。综合考虑影响水体环境的内部因素和外部因素，内部因素包括水量、水质、沉积物和河岸等；外部因素包括城市性质、政府监管等。其目的是最大限度地利用自然动态过程，在整个流域进行合理有效的水土资源规划工作，以实现保护和修复整体河道环境的根本目的，最终实现人与自然生态环境的和谐发展。在这一阶段，对于城市河道的整治，使得原来轻管理、重建设的模式得到了较大改变，为了防止出现"伪生态"等达不到低影响开发理念的现象，建立了更加长效的管理模式，这一模式以水质考核为目标，并全面推行"河长制"，将分散的各个部门的工作职能统一到水质考核目标当中，原来城市管理、公安、交通、绿化、环保等部门的河道管理职能得到了改善，增强了城市河道的管理力量，为城市河道的长效持续治理提供了有力的制度保障。

2.3 城市河道绿地概述

2.3.1 城市河道绿地的概念

城市河道绿地是城市和河流水系交织产生的城市独特景观界面，以带状水域为中心，以驳岸绿化为特征，是城市开发建设中的重要组成部分。

城市河道绿地作为城市环境的重要组成部分，对于丰富地域风貌、提高环境质量、传承地域文化精神等方面有着巨大的作用。城市河道绿地具有多样化的价值，包括生态价值、景观价值、经济价值和文化价值等，因此在城市规划设计中，城市河道绿地的规划设计得到越来越多人的重视。更好地开发和完善城市河道绿地，于城市生态可持续发展方面和城市景观营造方面都有着不可忽视的现实意义。本书研究的城市河道绿地范围为河道、河岸至沿岸第一个街区。

2.3.2 城市河道绿地的构成要素

根据人与水的距离关系,将城市河道绿地空间构成分为河流范围、水位变动范围、周围陆域范围三个区域(图2-1)。

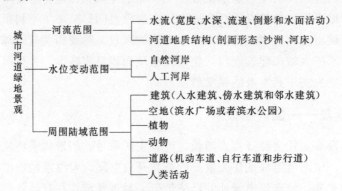

图2-1 城市河道绿地构成要素分析图

(1)河流范围。包括水流和河道地质结构。水流作为城市静态景观的动态补充,在城市河道绿地空间中展开动与静的对话,增加场所的灵性和吸引力。河道地质结构影响水流的流速、倒影和水面人类活动,进而影响城市河道绿地的景观情绪。

(2)水位变动范围。是水与动植物相互之间产生各种影响最多的区域,也是景观中最为生动的区域。该范围分为人工和自然两种形式。自然形式会留下水位变动的生动痕迹,地势平坦的河道周围为鸢飞鱼跃的湿地景观;地势高差大的河道周围则会留下水流冲刷的地貌。人工形式大多存在于城市空间中,硬质护岸用于防范洪涝灾害,以及提供观赏河道景色、亲近水体的场所。

(3)周围陆域范围。所包含元素最多,包括建筑、空地、动植物、道路、人类活动等。

建筑分为入水、傍水和邻水三种类型;空地可开发成为广场或公园,其中的滨水平台、景观远眺台等亲水设施引导人们更好地感知水环境;包含大量的陆生和水生动植物群落,是不可多得的自然科普教育基地。

城市河道绿地的特征是连续性和公众共享性,贯通的交通系统有利于提高亲水性和游玩性。机动车道、自行车道和步行道三种道路系统为城市河道绿地景观注入新的活力。

城市河道绿地作为城市中重要的带状绿色公共空间,对城市居民有深深的吸引力,拥有丰富的人类活动。

2.3.3 城市河道绿地的功能和特征

城市河道绿地是城市和水体之间的通道,在城市绿地系统中占据重要位置,具有以下功能和特征。

(1)防洪排涝。随着城市化进程的推进,人们生活空间与河道的距离越来越近,防止洪涝灾害发生变得愈发重要。安全防洪是城市河道绿地最重要的功能和特征，利用地形优势，能够有效调蓄雨水资源，降低洪灾发生的机会，保障城市居民的安全。

从一般意义上来看，进行水土保持等相关工作，能够明显增强土壤的调蓄水源能力，继而可以较大限度地减少发生洪涝自然灾害的可能。在降雨较多的季节，单位时间内降雨量较大的现象频繁发生，如果区域内的水土资源保持工作没有做好，那么土壤的蓄水能力就会显著减弱。此外，随着地表径流的增大，河流的水量也会随之增加，这就容易导致洪涝灾害等问题。所以，合理采取水土资源的保持措施，对于减少洪涝自然灾害和地表径流都有着巨大的影响。

（2）生态保护。创造优良的自然环境，成为受动植物喜爱的栖息场所，是城市河道绿地最基本的功能和特征。水陆交界的复杂生态环境连接城市绿地斑块，促进城市生态环境的能量和基因交换，提高生物多样性，共建城市生态系统；通过水体和植被的蒸散作用，将雨水送回到大气，减弱城市热岛效应，保证城市小气候运转，提高城市环境的综合效益。

有机整合河道中不同性质功能的河流廊道和绿地资源，形成绿网蓝脉，加强河道绿地资源的稳定性、整体性、城市空间的连续性，构建起城市地区环境生态网络，推动城市的可持续发展。

城市河道区域经常发生水文变化、空气环流、滨水或水生动植物迁移等自然现象，这些现象对人类聚居的城市环境有着重大的影响。所以，城市河道绿地的设计应该做到保护自然生态环境，在对设计场地的生态资源进行深入调查分析的基础上，使潜在植物群落的自然形式不被破坏，最大限度地减少对自然环境的干预，建立和谐的人与自然的关系。作为在美国乃至世界知名的景观设计师，奥姆斯特德着手设计的查尔斯河带状公园系统，就是因为尊重和保护自然环境而取得的成功案例，从1884年开始改造，经过100多年的发展，这一河道绿地景观已然展现出了查尔斯河历史上的自然面貌。

（3）景观游览。社会经济的发展带动人类文明的前进，人们在城市河道绿地中的活动不再只是汲取生产生活用水，更多的是被其独特的自然景观所吸引。由于城市河道绿地具有开放和共享特征，其中的游憩活动也十分丰富（表2-1），利用观水、游水、戏水等亲水形式拉近人与自然的距离，成为城市中的主要游览空间之一。

表2-1 河道绿地主要公共活动类型

范围	活动种类
河流范围	航运、各种划船活动、冲浪运动、摸鱼、戏水、游泳等
水位变动范围	自然探索、观景、钓鱼、自然观察、采芦苇等
周围陆域范围	水上餐厅、茶室、各种观景活动、体育运动、郊游活动和采风活动等
沿岸道路	人行、车行、自行车通行、停车等

作为城市河道绿地的主要使用群体，市民的社会生活需求组成了城市河道绿地低影响开发设计应当遵守的准则之一。经过对城市河道绿地使用者或体验者的各类需求的充分了解和分析，选择不同颜色、外观、气味的植物，设计出具有清新空气、充足阳光、宽阔尺度的城市河道绿地空间。

（4）传承历史。河流作为文明的起源，城市河道绿地始终伴随着城市的发展，真实记录人与自然关系的演变，河道沿岸拥有丰富的历史文化古迹，如桥梁、建筑以及深深印刻的社会观念、文化价值等物质与非物质遗产。作为混凝土林立的现代城市中难得一见的绿色空隙，城市河道绿地对人们有巨大的公众影响力，具有通过人文环境向城市居民传承历史的重要功能。

保持传统水环境空间的原有韵味与特色，对于保护和传承城市水环境的历史文化特色有着不可忽视的意义。将历史文化融入河道绿地空间中，能唤起城市居民对一个地方的回忆，从而体现地方特色。

将保护文化景观和整治自然景观结合在一起，对于突出城市历史文化底蕴、展现地方景观特质和河道绿地文化内涵都有着重要的作用。而对于一些有着深厚历史文化底蕴的城市来说，深入分析城市的文化特色，利用景观设计表现方式进行表现，传承城市历史文化脉络，是城市河道绿地规划设计的主要准则，它对于恢复和增强城市河道绿地景观的活力，提升城市河道绿地的地域特色有着十分重要的意义。

（5）促进经济。现代城市是政治、经济、文化的综合体，城市河道绿地用地功能也随之丰富起来，从单一的生活、生产功能向多元、复合功能转变，零售、商务、餐饮、住宿、文创等第三产业开始占据主导地位。其交错的城市景观和自然景观，吸引大量的游客和投资者的到来，进而加快城市经济产业结构调整，增加就业机会，提高周边地价，形成区域经济中心。

做好城市河道绿地设计和管理工作，可以有效推进人与自然生态环境的和谐共处。从水利工程的可持续发展战略来说，做好城市河道绿地建设工作是我国总体可持续发展战略中的一个重要构成部分，同时也是确保整体经济健康运行的重要基础。

城市水域环境的改善，有助于带动整个流域的改善和发展，从而刺激经济发展。城市形象的整体提升，生活环境的改善，不仅可以刺激城市居民的工作生活积极性，也可以推动城市旅游事业的快速发展进而创造出巨大的社会经济价值。

2.4　低影响开发与城市河道绿地景观的耦合

作为物理学研究中产生的概念，耦合被广泛运用在软件工程、生态学、通信技术、地理学等众多领域。耦合的内涵主要包括以下四个方面：一是关联性，耦合系统内部的各个要素相互关联；二是整体性，耦合系统是一个完整的系统；三是多样性，耦合系统可以形成各种组合形式，这是通过各种连接方式而实现的；四是协调性，耦合系统的各个要素通过相互协同形成优势互补的良性系统。从协同的角度来看，如果系统内部序参量之间的协同性较高，那么耦合系统就能从无序走向有序，相互间的协同性是影响系统的规律和特征的关键。耦合度就是对这种协同性的度量，耦合的协同性越高，系统的耦合度就越高，也代表系统要素之间越协调，相互之间的促进作用越大。

耦合常应用于软件工程领域，本书则基于一般意义的角度，对两个或两个以上体系的耦合现象进行研究，由此分析低影响开发和城市河道绿地景观之间互相作用、互相影响的现象。

2.4.1 低影响开发与城市河道绿地景观的内在联系

城市河道绿地是一个地理范围，指城市与河道交错的带状景观，兼具自然和人文特色，受到人口、社会、经济、自然等多方位因素影响。是城市自然生态系统中的重要组成部分，良好的河道绿地景观能够提升城市的软实力。

随着愈演愈烈的城市水资源供需矛盾，低影响开发概念由此产生。低影响开发的概念提倡对雨水资源的景观化和资源化利用，根据城市水域环境在景观设计规划层面的美学价值进行雨洪管理系统建设，是实现城市水域环境生态化发展的重要措施。所以，对于现代城市河道空间的设计来说，不仅要在景观外部形态上展现场地结构特色、地域风貌，还应综合考虑河道径流的水量、水质、景观潜力和生态价值等，体现水域环境特殊的场所价值。各个环节的雨洪管理设施设计应当成为城市河道景观规划设计和绿地系统规划设计的主要内容之一，以此来实现雨水的综合管理，给人们带来高趣味性的自然体验和较为愉悦的视觉感受。低影响开发能够适应不同开发程度的环境，对高开发强度的城市空间中的雨水控制有针对性效果。

低影响开发在城市河道绿地景观系统中扮演调蓄雨水的重要角色，两者内在的建设理念相互依赖，相互促进。

2.4.2 低影响开发背景下的城市河道绿地布局结构特性

城市河道绿地是包括陆地空间和水体空间并充满多样化的生态和景观的复合区域。城市河道绿地规划设计的内容中最为重要的部分是对场地内部建筑或景观小品、植物群落、临水驳岸、道路体系等的处理和设计。

城市河道绿地的布局结构是通过考量城市形态、用地条件和区域需求科学规划的，使城市的河道绿地空间真正成为城市景观的重要组成部分。在城市总体规划中以各种点状、带状、面状形态均匀地分布，维护城市脆弱的生态环境。城市河道绿地是其中重要的带状空间，帮助其他城市绿地一起构成覆盖整个城市的绿色网络。

相反，低影响开发的布局结构是不均匀的，不受城市用地规划限制。其布局结构遵循的是自然雨水循环路径，是根据区域雨水利用条件制定的。

低影响开发的布局结构受到城市河道绿地景观的影响，从而构筑更加和谐的生态环境。

2.4.3 低影响开发背景下的城市河道绿地功能提升

现代城市河道绿地景观更新目标是通过建设优良的自然环境，独特的城市景观吸引游客和商业投资，引领区域经济发展。然而城市雨水问题威胁到人们的生命财产安全，从而局限城市经济发展。

城市河道绿地的规划对于城市而言有着巨大的作用。首先，城市河道绿地的水体空间和近水体空间组成了一个复杂多样的生态系统，植被、水生生物、湿地、地下水等因素维持着动态平衡，使得整个自然生态系统能够维持相对的稳定。合理的规划设计能够保护自然生态系统，并且对于城市河道的污染整治和供水调节也有着重要的作用。其次，由于人们在河流和湖泊边聚居，河道区域成为城市物资最为丰富的地带，由于繁荣的经济活动而形成的历史文化脉络使得河道周边的建筑和植被具有丰厚的地域特色，通过对这些河道景观进行适当开放能够促进城市旅游业乃至商业的快速发展。最后，对于城市居民的日常生活而言，城市河道绿地还能起到丰富城市居民日常生活的作用。一方面，滨水区域给城市居民提供了娱乐和休闲的场地空间；另一方面，人们对于水的认知能力和态度变化在很大程度上影响了城市河道绿地的形态风貌。合理的规划能够充分发挥城市河道绿地的作用，继而创造良好的城市形象。

低影响开发恰恰是专门针对控制雨水流量、峰值与径流污染的系统。将城市河道绿地景观应用于低影响开发，有助于提升其复合功能，完成自然与人工环境交融的设计目标。

2.5　城市河道绿地雨洪管理概述

2.5.1　雨洪管理的内涵与分类

雨洪是指在自然条件下，由较大强度的降雨而形成的洪水，是一种引起江河水量迅速增加并伴随水位急剧上升的现象。因为大强度的降雨比较容易形成地表径流，是一种致灾因子，因此被称为雨洪。雨洪管理可以理解为在经济、政策、法律等条件的保障或约束下，通过规划、设计、工程、管理等途径来减轻或消除城市降雨过程中潜在的城市内涝、河道侵蚀、洪水泛滥、非点源污染等问题，以及全面统筹考虑雨水资源的价值，从单一的排洪发展为雨洪综合管理的现代化管理理念。

雨洪管理的技术体系按照建设项目的时间阶段可分为项目施工期技术措施和项目使用期技术措施两部分。施工期技术措施一般为临时性的措施，分别是防止土壤侵蚀的措施、控制土壤淤积的措施、控制地表径流的措施和良好的工地管理等。使用期的技术措施，主要分为工程性措施和非工程性措施两部分。工程性措施可以分为5种，即过滤式措施、渗透式措施、滞留措施、生物式措施和雨水径流预处理措施。每一组技术措施都是整个技术体系的一个子系统，它们组成一个整体。非工程性措施是指管理性措施和规范性的条文等，强调政府部门和公众的作用，以源头控制与预防为基本策略。非工程性措施主要是一种政策或是对居民行为方式的改变，需要经济、管理、行政、法规等各方面给予支持和保障。

近20年以来，发达国家在应对城市雨洪管理的理念上产生了巨大的改变，从传统的以"排"为主转向发展复合型绿色生态雨洪管理网络的思路，许多国家的雨洪管理与资源化利用已进入产业化、标准化阶段，其中以日本、美国、德国等国家的城市雨洪管理最为成熟，从城市规划建设、建筑设计到城市居住区、公园、校园等空间的景观设计与改造，形成了系统的城市雨洪管理技术体系，制定了比较完整的城市雨洪管理法律法规和政策保障措施。我国对雨洪管理的历史也很悠久，但是在现代城市规划建设与开发中，将雨洪视为灾害因素，从而忽视了其资源价值。近年来，中国的城市规划设计理论界和开发建设管理者已逐步认识到雨洪管理与资源化利用的重要性，从建筑设计、景观设计、城市规划建设等方面进行了大量的理论研究和实际项目的建设开发，也取得了不错的综合效益。

2.5.2 雨洪管理理念在景观设计领域的实践

发达国家在建筑设计、景观设计、城市规划建设中，以雨洪管理的理念为指导进行了大量的工程实践工作，尤其在城市公园、街道、住宅区等不同场所的景观设计中运用得尤为广泛。

美国是最早将雨洪管理与景观设计结合在一起的国家之一，以提高自然渗透能力为主要目标，关注雨水的采集、净化和储蓄，重视与绿地、植物、水体等天然景观相结合的生态景观设计。位于美国波特兰市会议中心西南方向的"雨水花园"是一个较好实现了雨水资源化利用和管理的生态景观设计，作为一项优秀的营造典范获得了波特兰市2003年度最佳水资源保护奖。德国将"雨水花园"这一低影响开发理念也落实到了场地和道路的景观设计当中，例如汉诺威市的康斯博格城区对雨水采取源头控制、局部下渗或就地滞留的方法，最大限度地减少地表雨水径流，让雨水尽可能地下渗和滞留，在人行道和停车带之间的地方设置300~400mm的种植沟，雨水在这里经过表层土壤的净化过滤后，再经过碎石层向下渗透；当暴雨洪水降临使得植草沟的雨水达到上限时，多余的雨水会汇入到在地势比植草沟高的雨水滞留收集区，这个滞留收集区处于场地边缘低洼的地方，在干旱时是一片绿地景观，当雨水进入到滞留区后，便成为一个景观水池；此外还设置有两个带状绿地雨水收集区域，雨水顺着地势在两个区域之间流动形成丰富多样的水体景观。

2.5.3 雨洪管理与城市河道绿地的关系

作为调蓄城市暴雨洪水最主要的载体之一，城市绿地空间控制与利用雨洪资源的作用是非常大的。通过城市绿地空间体系形成调蓄雨洪的整体格局可以利用雨水资源及时补充地下水，进而缓解地面沉降，保存和恢复原有的自然生态环境，同时也能解决暴雨洪水带来的许多城市负面问题。相对于传统的雨洪排放方式，利用绿地空间进行雨洪的合理利用和有效控制，是海绵城市建设中最广泛、最快捷、最经济、最见成效的一种方式。城市景观水系中的雨洪管理是一个较为复杂的设计过程，涉及城市规划设计的各个阶段以及专项规划与设计。因此，应该在工程建设初期，就将雨洪管理的理念融入到市政工程、防洪规划、水系工程、城市设计和绿地景观等各个方面，并根据当地地域特征、自然气候等独特因素，提出具体的落实方案，以此来保证城市建设的系统性、科学性与可实施性。

雨洪管理与城市河道绿地有着密不可分的关系，它们的出发点都是对雨水、土地等自然资源的保护与利用，以达到修复与改善生态环境、可持续利用自然资源、营造人与自然和谐景观等目标，理应得到景观设计师的重视。雨洪管理理念在美国、德国等发达国家得到了广泛的运用并取得了较好的效果，在这其中许多雨洪管理技术措施在我国有很强的适用性，因此具有比较高的借鉴价值。

雨洪管理是城市建设开发过程中无法回避的问题之一。按照因地制宜、生态优先的设计原则，从水体空间入手，整合城市空间形态与水资源是当代城市河道绿地设计的研究方向之一。基于雨洪管理的城市河道绿地空间设计策略以确保水体生态安全为前提，从生态自然出发强调对水资源的利用和保护，通过竖向设计、水文分区等一系列措施来缓解城市水环境问题，结合水资源创造出多样化的城市河道绿地空间特色。协调城市河道绿地设计与水资源保护之间的关系，寻求城市河道绿地与水系的共生与共荣，是城市环境可持续发展的必由之路。近年来，雨洪管理更加强调水体、绿地等自然条件和城市景观设计的结合，其中各种雨洪管理技术措施也更加完善细化。越来越多的景观设计师将雨洪管理与城市河道绿地空间设计有效地结合，在满足城市防洪排涝、控制水体污染物等方面的需要外，还强调优美的城市环境空间的营造，以此来提升城市景观的生态价值。

2.6　本章小结

本章总结如下：首先，从低影响开发的概念、设施分类、设计原则和目标方面以及从城市河道绿地的概念、构成要素、功能和特征方面分别对低影响开发和城市河道绿地进行了概述。其次，将城市河道绿地的发展历程分为萌芽、兴盛、衰落和复兴四个阶段，分析了每个阶段的发展背景及特征。再次，基于前文对低影响开发和城市河道绿地的概述，寻求两者之间的内在联系，促进城市河道绿地朝着可持续化发展。最后，通过对雨洪管理概念以及雨洪管理在景观设计领域应用的阐述，分析了雨洪管理与城市河道绿地的耦合关系。

第三章

基于低影响开发理念的城市河道绿地更新策略

3.1　更新原则

　　基于低影响开发背景下的城市河道绿地更新，需要综合景观学、生态学、工程学等学科的研究理论，兼顾城市河道绿地空间特征和自然雨水循环路径。低影响开发体系对场地雨水资源具有"自然积存、自然渗透、自然净化"的功能，同时河道作为城市雨水径流自然排放的最终通道，设计应遵循以下原则。

3.1.1　安全为重

　　防洪除涝是城市河道绿地的第一要务，城市河道绿地与城市空间紧密相依，对保护城市居民的生命和财产具有不可推卸的责任。因此城市河道绿地更新必须满足相关防洪法律法规，保证有足够的防洪能力，并保障河道水源的优良品质。对于在河流洪水范围内的游憩活动，需要建立洪水预警系统和相应的管理措施，确定洪水发生的临界点，在洪水即将来临的时候确保游人及时撤离。

3.1.2　生态优先

　　工业革命后，城市河道绿地的开发多以人工化、硬质化为主，破坏了城市河道绿地的自然环境，严重影响其作为城市生态廊道的生态功能和环境品质。因此城市河道绿地更新需注重修复水陆两栖复合生态结构，打造交织的水陆关系，维系自然排水路径，保护水生态敏感区，稳定和维持城市生态系统，这也是低影响开发的重要原则。城市河道绿地建设的效益应该是综合的，包括休闲娱乐、防洪、建设开发等社会效益、经济效益以及加强和健全河流生态服务功能的生态效益。因此，每一个城市河道绿地建设都应该从当前开发的强度以及城市河道绿地的自然状况、城市河道绿地的布局以及限制条件出发，来确定城市河道绿地的开发目标以及相应的管理措施，做到两者兼顾。

3.1.3　全局统筹

　　首先，城市河道绿地更新应符合城市的整体建设风格，强调美观度，营造自然生态特性和景观识别度；其次，将城市、城市河道绿地、水系看作一个有机整体进行综合考虑，统筹营造城市自然水循环体系；并且遵从城市总规划，联合多学科交叉规划，使城市河道绿地能够向城市内部延伸，与其他城市绿地构成完整的景观网络，实现城市可持续发展。

3.1.4　因地制宜

不同城市的水文特征、城市风貌以及用地条件存在巨大差异，与低影响开发体系结合，更需对城市河道绿地的自然地理条件、水文地质特点、水资源现状、降雨规律与内涝防治标准进行详细调查，秉持因地制宜的原则，优化布局结构。盲目抄袭和借鉴别人的经验有可能导致经济上的损失以及对城市环境的破坏。

3.1.5　人文共享

把握城市历史文化特点和区域地方特色，保护与挖掘城市河道水文化，最大限度地发挥城市河道绿地对人们的影响力；同时统筹不同年龄、不同层次的城市居民需求，设计多样的活动设施，使所有城市居民都能够乐在其中；强化公众参与热情，共享低影响开发成果。城市河道绿地规划与设计必须包括广泛的公众参与。这一过程必须扩展到与城市河道绿地开发利益相关群体的范围之外，包括整个城市范围内可能不经常使用到城市河道绿地的城市居民。不同社区和居民的需求可能会不一样，考虑不同地区居民的需求，应能够使城市河道绿地的开发活动和风景园林建设变得更富有活力，更具有包容性。

3.1.6　多学科交叉

城市河道绿地建设是包括规划、园林、生态学、水利、水土保持、给排水、生物学、历史人文等多个自然与社会科学的研究对象，只有联合多学科学者共同研究，才能实现城市河流可持续利用。近年来，综合更新策略在雨水景观界越来越受到重视，多学科参与的城市河道绿地更新策略受到越来越多的关注，这也使得城市河道绿地作为"城市生态基础设施"的休闲娱乐和生态服务功能得到了肯定。

3.2　汇水面物质更新对策

根据 2.1 节的分类方法，汇水面物质更新对策可对应三大系统，分别是雨水渗透收集系统、雨水净化输送系统和雨水调蓄储存系统。

3.2.1　雨水渗透收集系统

降水落到地面后，雨水渗透收集系统能够在雨水径流的源头立刻进行处理，使之短时间内快速下渗并储存雨水径流，避免灾害的发生，主要包括以下技术设施。

1. 透水铺装

（1）概念。透水铺装是指透水性能良好，空隙率较高的材料，在路用强度和耐久性良好的情况下应用于面层、基层甚至土基，让铺面结构内部能够顺利渗透雨水，并经过基层进而下渗至土基或是铺面内部排水管排除雨水，让其再次回到地下乃至减缓或消除地表径流等目的的铺面型式。

（2）结构。典型结构依次是路基结构、碎石层和面层。面层材料一般分为两种类型，一种是材料本身具有渗透能力，如透水沥青混凝土（图 3-1）、透水混凝土（图 3-2）、无砂混凝土等；另一种是通过材料结构空隙起到渗透作用，如透水砖、植草砖等；也可将两者组合使用。

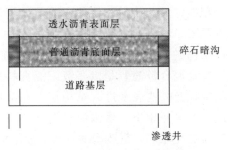

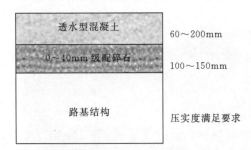

图 3-1　透水沥青混凝土结构示意图　　　　图 3-2　透水混凝土结构示意图

（3）功能。不同的透水铺装材料因其结构层次、保水性等皆有所不同，因此渗水的能力也不尽相同。而且透水铺装对油污有显著吸附能力，对烃类物质有祛除能力，对重金属等有害物质有吸附作用，效果都非常显著。同时过滤后的雨水不但补充了贫乏的地下水资源，还改善了自然界的生态环境。此外透水铺装的应用主要是能够迅速削减暴雨产生的地表径流量，降低洪涝灾害，提高城市的雨洪管理能力，达到"排渗兼顾"的效果。

（4）产品分类。根据透水铺装所使用的材料类型可分为：透水混凝土铺装、透水沥青混合料铺装和透水砖铺装等；还有其他一些特殊形式，如粗砾铺装、砾石铺装、卵石铺装、木料铺装、嵌草铺装等。

1）透水混凝土铺装。透水混凝土（图 3-3 和图 3-4）是将水泥、骨料、水以及特殊添加剂按一定配比混合而成的铺装材料。产品属于全透水类型，具有很好的透水性和透气性。工程使用中，透水混凝土铺装是通过进行摊铺、压实而成的多孔隙铺装结构，粗骨料嵌挤形成骨架，水泥净浆或砂浆对粗骨料表面进行包裹，形成孔隙式混凝土结构。

图 3-3　透水混凝土　　　　　　　　　图 3-4　透水混凝土铺装

一些学者对透水混凝土的技术性能进行了相关研究，认为透水混凝土应具有良好的力学性能和透水性能，抗压强度、抗折强度及透水系数等指标应满足相关要求。常用透水混凝土的技术指标通常应符合表 3-1 的要求。

表 3-1　　　　　　　　　透水混凝土技术指标要求列表

技术性能	孔隙率/%	抗压强度/MPa	抗折强度/MPa	透水系数/(mm/s)	劈裂抗拉强度/MPa
要求	10～20	≥20	≥3.0	≥1.0	≥2.5

2）透水沥青混合料铺装。透水沥青混合料铺装（图 3-5）的主体结构与普通沥青混合料相似，只在路面结构的表面层采用透水沥青混凝土材料，属于半透水类型，对渗入下层结构的水分通过在两侧设置暗沟排出。透水沥青混合料铺装是以开级配混合料为主要结构，允许地表水进入结构层，在结构层中进行汇水并排出。透水沥青混合料一般具有较大的孔隙率，是典型的骨架空隙结构。

图 3-5　透水沥青混合料辅装路面示意图

钱振东等通过对透水沥青混合料的相关研究，对孔隙率、透水量、动稳定度、渗水系数等指标给出了指标参考。常用透水沥青混合料的技术指标通常应符合表 3-2 的要求。

表 3-2　　　　　　　　　透水沥青混合料技术指标要求

技术性能	孔隙率/%	动稳定度/(次/mm)	马歇尔稳定度/kN	渗透系数/(mL/15s)	冻融劈裂强度比/%
要求	18～25	≥3500	≥5	800	≥85

资料来源：刘亚楠，2017；蒋玉龙等，2019；徐洪跃等，2018；同卫刚，2015。

3）透水砖铺装。透水砖（图 3-6 和图 3-7）根据其选材不同主要分为两类，一是以无机非金属材料为主要原料，经固化、烧制成的砌块；二是以工业废料、建筑垃圾等为原料，经过粉碎、筛分、烧制而成。透水砖结构是通过骨料的嵌挤作用形成骨架，浆胶结骨料而形成的多孔砖块结构，利用其内部的连通孔隙实现透水功能。

图 3-6　透水砖铺装示意图一

图 3-7　透水砖铺装示意图二

一些研究人员对透水砖的技术性能进行了相关研究，并对透水砖常用的技术指标进行归纳，见表3-3的要求。

表3-3　　　　　　　　　　　　透水砖技术指标要求

技术性能	孔隙率/%	抗压强度/MPa	抗折强度/MPa	透水系数/(mm/s)	劈裂抗拉强度/MPa
要求	15～20	≥30	≥3.0	≥1.0	≥3.0

资料来源：刘亚楠，2017；蒋玉龙等，2019；徐洪跃等，2018；同卫刚，2015。

为了全面了解透水铺装的使用条件和效果，综合不同材料的差异性和相关研究成果进行分析，对三类透水铺装材料的工程特征及适用环境进行了总结，三种类型透水铺装比较见表3-4。

表3-4　　　　　　　　　　　　三种类型透水铺装比较

类型	透水混凝土	透水沥青混合料	透水砖
使用材料	水泥、骨料、添加剂	沥青、骨料、填料	非金属材料、废料
综合成本	较低	较低	较高
强度	低	一般	高
表面粗糙度	粗糙	粗糙	平整
整体性	好	好	一般
路基强度要求	高	高	一般
路基渗透性要求	高	高	高
适用场地	广场、庭院、园区等	工厂、街道、停车场等	公园、人行步道、停车场等

资料来源：刘亚楠，2017；蒋玉龙等，2019；徐洪跃等，2018；同卫刚，2015。

4）粗砾铺装。粗砾铺装是一种便宜的铺设材料，一般厚度为10cm，与花盆和铺面石板组合最佳，不宜压实铺。日本枯山水中常用粗砾铺装象征波浪和水的倒影（图3-8和图3-9）。粗砾铺装不仅可在建筑周围形成适宜长期使用的地面；而且还可在房屋外立面墙边铺设用于防水。

图3-8　粗砾铺装在庭院的应用示意图一

图3-9　粗砾铺装在庭院的应用示意图二

　　5) 砾石铺装。砾石铺装（图3-10和图3-11）铺设方便，造价便宜，维护费低廉，但是需要勤加保养。砾石铺装对排水和坡度的要求很高，若铺设时对坡度或边缘石考虑不当，雨水会极易阻塞通道从而造成积水，从而导致地面受腐蚀形成弧坑或侵蚀磨耗层后渗入到垫层，因此须沿地面自然形成的坡度铺置和利用纵横坡排水来解决积水问题。适合园林各级路面，尤其是有荷载要求的嵌草路面，其一般厚度为10～20cm，厚度超过20cm时分层铺筑。

图3-10　砾石铺装在道路的应用一

图3-11　砾石铺装在道路的应用二

　　6) 卵石铺装。卵石铺装（图3-12）可以起分隔带的作用，比散置的砾石铺装易于

图3-12　卵石铺装在庭院的应用示意图

维护。但卵石易滚动，增大材料用量，可用花岗岩小石块作为填充物。而且在铺面上洒水有助于卵砾石层的固结，也可使卵石和有水泥的基层凝固成一个整体，同时水泥使卵砾石粘结成一个坚硬的面层，但要求其要能有效排水。卵石地面如果有裂缝，会为卵石的饰文所掩盖。在卵石铺面之间，应填充含砂的干混合料作为接缝，避免用嵌缝或灌浆进行接缝。

　　7) 木料铺装。在园林设计中，木料铺装（图3-13和图3-14）通常应用于室外的园路或木平台，因此，通常使用耐磨、耐腐蚀、质地清晰、强度高、不易开裂且不易变形的优质木料。而且其结构上除了增加砖墩及木格栅之外，其余基本上与一般块石园路的基层做法相同。此外，木材的含水量应小于12%，且木材在铺路前应进行防火、防腐和防蛀处理。

　　8) 嵌草铺装。嵌草铺装是指具有植草孔或预留缝隙，并能够绿化路面及地面工程的砖和空心砌块等，主要铺设在城市人行道路及停车场。主要分为两种类型，一种是留缝种

图3-13　木料铺装在庭院的应用示意图

图3-14　木料铺装在道路的应用示意图

草于块料间（图3-15），主要用于机动车道两侧的人行道铺装以及公园绿地等的景观步道，普通的铺装面层材、水泥砖等，通过块料之间的草缝透水。主要用材有毛石（又称片石或石块），由爆破直接得到，按其表面的平整程度可分为乱毛石和平毛石。乱毛石注重其本身的不规则形状，而平毛石由乱石轻微加工而来，因此形状较整齐。另一种是将混凝土面砖制成可以种草的各种纹样（图3-16），又称植草砖，目前主要使用"孔穴式植草砖"。常被应用于停车场和树池的铺装，满足了停车荷载与树池透气性的要求。

图3-15　块料间留缝种草示意图

图3-16　孔穴式植草砖示意图

　　a.优点。嵌草铺装因其良好的渗水性及保湿性，雨水能够迅速渗入地表，减少路面积水，大大减轻排水系统的压力，并且减少了对自然水体的污染。由于自身良好的透水性能，能有效地缓解城市排水系统的泄洪压力，这对于城市防洪是非常有利的，将显著改善我国目前水资源极其缺乏的现状。同时它对于缓解热岛效应也有显著效果。生长在嵌草砖内的植物可以很好地减轻太阳光或白色系材料的反光，夏季还可以缓和硬质铺地的反射光。而且铺装地面以下的动植物及微生物的生存空间得到有效的保护，体现了"与环境共生"的可持续发展理念。

　　b.排水特性。传统铺装为了避免雨水进入结构内部，导致铺装结构受到雨水侵蚀和破坏，通常要求铺装表面不渗水，降雨产生的地表水汇集在铺装表面，以地表径流的方式排入边沟或其他排水设施。透水铺装则不同，其铺装结构体内允许雨水渗入，并在基层或垫层位置适当设置封层。渗入铺装面层的水分沿着封层或泌水层以横向流动的方式排入周边排水设施，这种渗流方式在排除地表水的同时，避免了基层和土基因浸水而产生损害的情况，适用于土基渗透能力较差的地区。

透水铺装的结构层由大孔隙透水材料组成，雨水可通过表面汇流或下渗到结构的方式从地面排出，流入周边排水设施的同时下渗到铺装结构中，再通过地下排水系统排出或排入地下。不仅具有表面排水功能，还能通过渗透排水补充地下水，对于暴雨产生的集中降水具有更好的排洪作用，有助于缓解城市内涝灾害。

上述三种铺装排水方式的原理如图 3-17 所示。

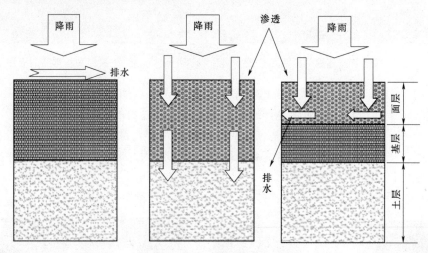

图 3-17　铺装排水原理

城市河道绿地的传统铺装虽然整齐美观且施工便利，但它也阻碍了城市土地与大气空间的自然循环，形成了不能"呼吸"的城市地面，对城市的生态环境造成了严重的影响。对比两种铺装的排水方式可以看出，透水铺装明显优于传统铺装，对于修复城市地面水文机理、防洪抗涝等方面具有重要作用。

c. 适用场地。广泛适用于各类场地，如停车场、广场、人行步道等，对排水不畅的道路是最理想的措施。

d. 适用性评价。对于高等级公路、主要活动场地，应选用透水性一般，平整度高和承载力强的材料；停车场等径流水质较差的场地宜采用植草砖等类型的地面铺装，利用植物吸收净化污染物；人流较少的场所，如林荫步道等，可以选用鹅卵石或碎石铺装等透水性佳、经济实用的材料。

应对长时间降雨或暴雨渗透能力有限；如长时间使用面层会受到碾压，造成材料密度变大，透水空隙堵塞，入渗性能降低的问题；此外不适合寒冷易结冰的地区。

2. 屋顶绿化

（1）概念。种植植物的屋顶，也称种植屋顶、绿色屋顶，可分为简单式和花园式两种类型。屋顶绿化通常理解为在各类古今建筑物、构筑物、城围、桥梁等的屋顶、露台、天台、阳台或大型人工假山山体上进行造园、种植树木、花卉的统称。

（2）结构。一般由防水层、排水层、过滤层、基质层和植被层构成（图 3-18）。排水为轻质人工材料和排水管；过滤层一般为无纺布或玻纤毡；基质层为质量轻、持水量大的土壤。不同规模的绿色屋顶，基质层厚度不同，影响植被层的选择（表 3-5），一般以草本、地被植物为主。

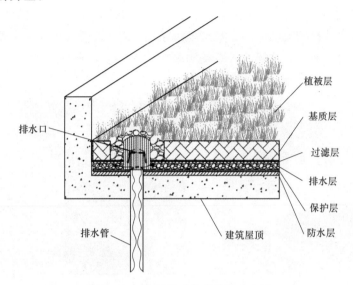

图 3-18　典型屋顶绿化结构示意图

表 3-5　　常用植被层和基质层的厚度限制

植 物 类 型	植被层/cm	基质层/cm
（简单式）草本、地被	$H=5\sim20$	$\geqslant5$
（花园式）草本、地被	$H=20\sim50$	$10\sim15$
小灌木	$H=50\sim150$	$30\sim40$
大灌木	$H=150\sim200$	$30\sim40$
小型乔木	$H=200\sim400$	$60\sim80$
大型乔木	$H\geqslant400$	80

资料来源：岳秀林，2015；刘钰钦，2017；田甜，2017。

（3）分类。目前，国内外对于屋顶绿化没有统一的分类方法，以下是比较常见的、按照不同的标准进行的类型划分。现在，各国普遍认可的屋顶绿化类型分为开敞型屋顶绿化、半密集型屋顶绿化和密集型屋顶绿化。

1）开敞型屋顶绿化。是利用低养护耐干旱的草坪在屋顶形成生态保护层。其特征是：建造快、简单容易，成本低廉，少养护管理，不用结灌；栽种的植物一般是景天类植物。重量为 $60\sim200kg/m^2$，整体高度为 $6\sim20cm$（图 3-19）。

2）半密集型屋顶绿化。是介于开敞型

图 3-19　开敞型屋顶绿化示意图

和密集型屋顶绿化两者之间的一种屋顶绿化形式，其基本特征是：定期养护、灌溉；利用低矮的非乔木植物进行绿化；重量为 $120 \sim 250 kg/m^2$，整体高度为 $12 \sim 25cm$（图 3-20）。

3）密集型屋顶绿化。即屋顶花园，可种植乔木、灌木、草本等植物，也可设置园林小品，给人们提供休闲交流的空间。其基本特征是：需经常管理维护，定期灌溉；屋顶绿化植物种类乔灌草都有；屋顶绿化垂直结构高 $15 \sim 100cm$，重量为 $150 \sim 1000 kg/m^2$（图 3-21）。

图 3-20　半密集型屋顶绿化示意图　　　　图 3-21　密集型屋顶绿化示意图

（4）功能。屋顶绿化能加强人们之间的沟通与交流，缓解精神紧张，放松身心等。随着经济发展，城市化进程加快，改善生态环境大势所趋，同时土地资源日趋紧张，因此有计划、有步骤地推广屋顶绿化，提升人们的生活质量刻不容缓。

盛夏时节，覆盖在屋顶的植物能够有效吸收建筑物顶部的大量热辐射，使楼顶空间温度下降明显，对城市热岛效应有缓解作用。与此同时，植物茎叶和种植土壤基质，能有效蓄积雨水，从而减轻城市排水压力，减少城市水土流失。

（5）适用场地。符合荷载条件，较平缓的平屋顶或坡屋顶。适用于大尺度建筑，如学校、商场、工厂；也适用于小尺度建筑，如花坊、游廊、凉亭等。

（6）适用性评价。会增加建筑的承载力，导致建筑材料消耗增加，不符合现代低碳建设原则，造价和维护成本高，不易普及推广。

3. 下沉式绿地

（1）概念。下沉式绿地是低于周围地面的绿地，其利用开放空间承接和贮存雨水，达到减少径流外排的作用，内部植物多以本土草本植物为主。下沉式绿地具有狭义和广义之分，狭义的下沉式绿地指低于周边铺砌地面或道路在 200mm 以内的绿地；广义的下沉式绿地泛指具有一定的调蓄容积（在以径流总量控制为目标进行目标分解或设计计算时，不包括调节容积），且可用于调蓄和净化径流雨水的绿地，包括生物滞留设施、渗透塘、湿塘、雨水湿地、调节塘等。狭义的下沉式绿地的下凹深度应根据植物耐淹性能和土壤渗透性能确定，一般为 $100 \sim 200mm$；下沉式绿地内一般应设置溢流口（如雨水口），保证暴雨时径流的溢流排放，溢流口顶部标高一般应高于绿地 $50 \sim 100mm$。此处所述的下沉式绿地仅指低于周边铺装场地 200mm 的绿地，以种植乡土草本植物为主，且主要利用开放空间承接和贮存雨水，达到减少径流外排的作用。

（2）结构。大致分为植被层、蓄水层、种植土层和原土层，一般内设溢流口（图3-22），同时路面和绿地连接部分设有路缘雨水口便于雨水的流入。在自然状态下，城市雨水在河道绿地上形成地表径流经过路缘雨水口流入下沉式绿地，一部分雨水渗入绿地土壤中，另一部分排入下沉式绿地中的排水管网和蓄水池。

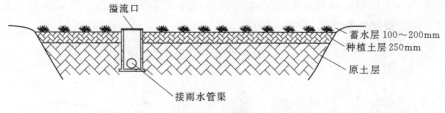

图 3-22 下沉式绿地结构示意图

（3）功能。传统的城市建设，强调对于城市雨水的快速汇集、快速排放，进而造成雨水资源的浪费。下沉式绿地在对雨水的再利用方面效果显著，有效补充了地下水，抬高了地下水位，抑制了地下水漏洞区域的蔓延；有效减少了对于市政用水的消耗，缓解了水资源的短缺。而路面径流在土壤中的运动是土壤对径流污染物削减的重要历程，土壤对污染物中的悬浮物通过吸附、板结和运输等物理方式进行削减；同时利用下沉式绿地中的土壤和植物对地面径流污水进行沉降、运输、分解和吸收，减少城市污水对外界的影响。

（4）适用场地。广泛应用于城市道路、广场和建筑等周边绿化内。

（5）适用性评价。如大规模的应用，容易受到地形限制，且实际调蓄容积较小，更适合较小区域；维护要求较高，容易遭人为破坏（表3-6）。

表 3-6　　　　　　　　　　　　下沉式绿地后期维护措施一览表

措施类型	措施细则	维护频率
运营措施	植物健康检查	一个季度（建成后两年）；半年
	灌溉	根据区域气候条件确定
	街道清扫	半年
	土壤污染度鉴定	一年
	土壤渗透性实验	两年
维护措施	修剪植物（包括杂草）	一个月
	清理溢流口	两个月
	土壤翻新	两年
	清除沉积物	一年或（沉积物厚度 $H > 100mm$）
	地下排水管冲洗	每年
	土壤修复与更换	根据情况而定（1~3年）
	植物补植	根据植物生长情况确定（1~10年）

资料来源：赵国翰，2015。

4. 雨水花园

（1）概念。雨水花园是指在地势较低区域的种有各种灌木、花草以及树木等植物的专类的工程设施，主要通过天然土壤或更换人工土和植物的过滤作用净化雨水减小径流污染，同时消纳小面积汇流的初期雨水，将雨水暂时蓄留其中之后慢慢入渗土壤来减少径流量。雨水花园是一种行之有效的雨水自然净化与处置技术设施，是一种模仿自然界雨水渗滤功能的现代风景园林，运用生物滞留原理的旱地生态系统，类似下沉式绿地，分为简易型（图 3-23）和复杂型（图 3-24）两种。

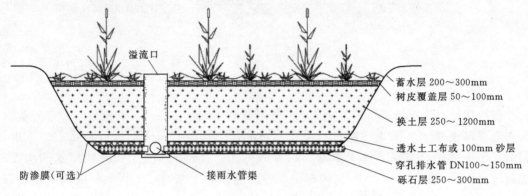

图 3-23　简易型雨水花园结构示意图

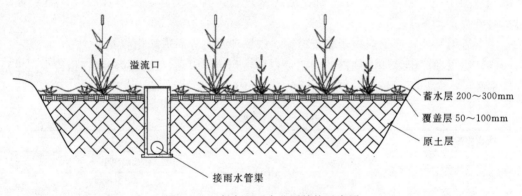

图 3-24　复杂型雨水花园结构示意图

（2）结构。基本结构为覆盖层、植被及种植土层、人工填料层及砾石层。其中在填料层和砾石层之间可以铺设一层砂层或土工布。根据雨水花园的具体要求可以采用防渗或不防渗两种做法。当有蓄积要求或要排入水体时还可以在砾石层中埋置集水穿孔管。

1）覆盖层。覆盖层材料一般是由树皮构成，它对雨水花园起着十分重要的作用，一方面它可以保持土壤的湿度，避免表层土壤板结而造成渗透性能降低；另一方面它在树皮土壤界面上营造了一个微生物环境，有利于微生物的生长和有机物的降解，同时还有助于减少径流雨水的侵蚀。其最大深度一般为 50~80mm。

2）植被及种植土层。种植土层为植物根系吸附以及微生物降解碳氢化合物、金属离子、营养物和其他污染物提供了一个很好的场所，有较好的过滤和吸附作用。一般选用渗透系数较大的砂质土壤，其主要成分中砂子含量为 60%~85%，有机成分含量为 5%~

10%，黏土含量不超过5%。种植土层厚度根据植物类型而定，当采用草本植物时一般厚度为250mm左右。

3）人工填料层。人工填料层位于种植层的下层，区别于适合植物生长的种植层，人工填料层的结构主要是便于下渗，因此多选用渗透性较强的天然或人工材料，其厚度应根据当地的降雨特性、雨水花园的服务面积等确定，多为0.5～1.2m。当选用砂质土壤时，其主要成分与种植土层一致。当选用炉渣或砾石时，其渗透系数一般不小于10.5m/s。

4）砾石层。砾石层是雨水花园结构的最下层，主要由直径不超过50mm的砾石组成，厚度多为200～300mm。可在其中埋置直径为100mm的穿孔管，经过渗滤的雨水由穿孔管收集进入邻近的河流或其他蓄积系统。通常在填料层和砾石层之间铺一层土工布是为了防止土壤等颗粒物进入砾石层，但是这样容易引起土工布的堵塞。也可在人工填料层和砾石层之间铺设一层150mm厚的砂层，不仅可以防止土壤颗粒堵塞穿孔管，还能起到通风的作用。

（3）功能。城市化进程的加快，使绿地被建筑和不透水的地面、铺装大面积覆盖，导致降水不能通过地表下渗。此时雨水花园可以起到减缓雨水径流的作用，通过让雨水从路面上分流到雨水花园当中，截留径流减缓径流的速度，增加雨水在泥土面的停留时间，从而有利于雨水向地下渗透，使雨水资源化。

由于雨水花园可以减缓径流的流速并且聚集雨水，在此过程中一些颗粒较大的污染物质在重力的作用下可以沉降于绿地之中并被固定下来。在无雨的时候，雨水花园也可以将风中吹拂过的部分尘埃等污染物收纳入绿地之中减少其扩散。

雨水汇集在雨水花园以后，通过地表土壤或者辅助设施渗透到地表以下，重新参与到自然的水循环当中，补充过度使用的地下水源。

（4）适用场地。雨水径流汇集处，面积较小、坡度较缓的空间，可以与其他低影响开发设施组合使用。根据应用场地的不同分为两种目的，一种应用于停车场、广场和道路等污染严重的区域，以净化径流为目的；另一种应用于屋面雨水，水质较好的小规模汇水，以控制径流量为目的。

（5）适用性评价。建造费用低，景观效果佳，后期管理方便。但如土壤含水量饱和、排水通道不畅或污染沉积物过多将影响渗透效果。

5. 渗透塘（池）

（1）概念。一种用于加强雨水径流下渗的洼地，天然或人工修筑的洼地或池塘，用于雨水渗透，涵养地下水。在其面上覆土并铺种草坪，周围种植树木。

（2）结构。具有沉砂池、前置塘等预处理设施，其底部结构为种植土层、透水土工布及滤料层（图3-25）。

（3）功能。它具有较好的景观效果，可以调蓄雨水还能除去雨水径流中含有的污染物，还能够削减峰值流量，有效补充地下水资源，以及储水和净化能力。

（4）适用场地。适用于空间富余，汇水面积大于1hm，距离建筑物3m以上的区域。

（5）适用性评价。要求场地面积充足，土壤渗透性强，储水容量较大，净化效果较好，并且建设费用较低，还可以减轻市政管道的负荷。但是后期维护管理频次较高，需定期清淤或晾晒。

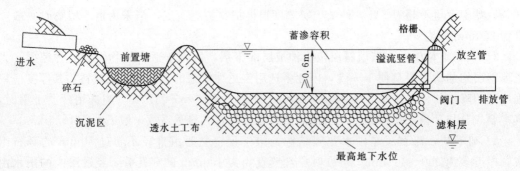

图 3-25 渗透塘（池）结构示意图

3.2.2 雨水净化输送系统

雨水净化输送系统用于处理超出雨水渗透收集系统能力的雨水径流，输送至储存环节，减缓雨水径流流速和过滤净化污染物，主要技术措施为植草沟。

1. 植草沟

（1）概念。有植被的景观性地表沟渠，又称植被浅沟、浅草沟等。

（2）结构。断面结构为中间下凹的形式，例如传输式三角形断面植草沟（图 3-26）；分为传输式、干式和湿式三种形式（图 3-27～图 3-29）。

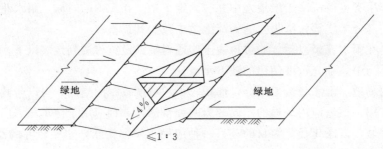

图 3-26 传输式三角形断面植草沟典型结构示意图

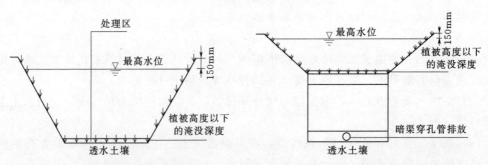

图 3-27 传输式植草沟断面示意图 图 3-28 干式植草沟断面示意图

按照植草沟的特点可以将植草沟分为草渠、干草沟、湿草沟和渗透草沟四类（表3-7）。

下面对几种新型植草沟进行介绍。

1）生物滞留型植草沟。生物滞留型植草沟融合了雨水花园与植草沟的双重特点（图3-30），径流在传输的同时，也被消纳和滞留，水质得到净化。生物滞留型植草沟可在地下水资源匮乏的地区用来处理城市雨水径流和回灌地下水。通常适用于处理从屋顶，道路和停车场汇集的径流，非常适合在密集的城区使用。其在降雨事件中不同阶段的作用机制如图3-31所示。

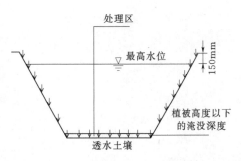

图3-29　湿式植草沟断面示意图

表 3-7　　　　　　　　不同类型的植草沟比较表

植草沟类型	实　例	特　点
草渠		可传输2年一遇降雨径流，只作为一种传输设施，不单独使用
干草沟		比草渠的种植土层的渗透性好。底部埋有渗排管，草沟中间有消能堰，消能堰旁有卵石区，如有积水可以尽快排入底部的渗排管
湿草沟		当地下水水位非常接近地表时设置。相当于狭长的线性浅湿地。被消能堰分隔成若干小分区。种植湿地植物，取得很好的污染物去除效果
渗透草沟		大量传输并入渗径流，占地面积较大，一般位于市郊公路旁侧

资料来源：郭翀羽，2013；郭凤，2014；廖奕程，2016。

降雨开始,初期径流进入,
浅沟开始储存雨水

降雨继续,继续储存,
并开始过滤和下渗

降雨后期,储存
的剩余水量下渗

图 3-30　生物滞留型植草沟示意图　　　图 3-31　生物滞留型植草沟在降雨事件中
　　　　　　　　　　　　　　　　　　　　　　　　不同阶段的作用机制示意图

针对不同控制目标,生物滞留型植草沟对径流的控制效果不同（表 3-8）。

表 3-8　　　　　　　　　　　生物滞留型植草沟径流控制效果列表

控 制 目 标	控 制 效 果	控 制 目 标	控 制 效 果
回用	高	泛洪区保护	中/低
水质控制	中/高	特大洪水控制	低
河渠控制	中		

资料来源：郭翀羽，2013；郭凤，2014；廖奕程，2016。

2）湿式植草沟。湿式植草沟融合了普通植草沟和湿地系统的特征,宽度大于普通植草沟（为 4～6m）。在草沟的中间设有消能堰,大雨时可以形成临时储水的浅塘,种植的植物采用一些湿地植物。以下列举了一些植草沟中的草本植物（表 3-9）,湿式植草沟如图 3-32 所示。

带有渗排管系统的植草沟是一种新型植草沟。基于不同使用目的,按渗排管的形式可分为四种（表 3-10）。

表 3 - 9　　　　　　　　　　植草沟中可选的草本植物

拉 丁 名	学 名	特 点
Puccinellia distans	碱茅	冷季型、耐盐、耐湿
Poa palustris	泽地早熟禾	冷季型、耐湿
Agrostis palustris	匍匐剪股颖	冷季型、耐盐、耐湿
Poa trivialis	普通早熟禾	冷季型、耐湿、耐阴
Festuca rubra	紫羊茅	冷季型、不耐湿、耐旱
Agrostis gigantea	巨序剪股颖	冷季型、耐湿
Cala magrostis	禾草拂子茅	冷季型、耐湿
Panicum virgatum	柳枝稷	暖季型、耐旱、耐湿、耐盐、可炼乙醇
Elymus virginicus	披碱草	冷季型、耐阴、耐湿

资料来源：郭翀羽，2013；郭凤，2014；廖奕程，2016。

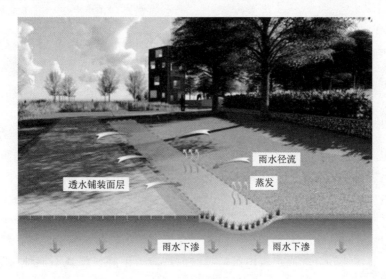

图 3 - 32　湿式植草沟示意图

表 3 - 10　　　　　　　　　　植草沟按渗排管形式分类表

功　能	渗排管形式	适用范围
渗透/回灌式植草沟	无渗排管	入渗、回灌能力大的地区
过滤/部分回灌式植草沟	有渗排管	入渗、回灌能力小的地区
渗透/过滤/回灌式植草沟	高架渗排管	有较高污染负荷的地区
过滤式植草沟	外包土工布渗排管	污染负荷极高的地区

资料来源：郭翀羽，2013；郭凤，2014；廖奕程，2016。

（3）功能。较强的运输能力和一定的净化能力，可以与其他单体设施结合或者与市政排水系统衔接。遇到小规模降水时，在一定程度上能下渗雨水径流，减少径流总量；遇到大规模降水则能引流超量雨水，也有减缓雨水径流速度的作用。

（4）适用场地。适用于大面积不透水地面周围，呈线性布局时发挥的效益最大，与道路景观结合最为常见。

（5）适用性评价。相较于传统排水系统对地形和坡度的要求较高，在已建成区域应用性弱，与景观结合度较高，维护和管理费用低。如设计或维护不当会引起水土流失，并且仅适合小规模降水；同时植被会影响控制雨水径流的能力和景观效果，需要定期养护。

2. 渗管/渠

（1）概念。渗管/渠是利用埋设在地下含水层中带孔眼的水平渗水管道和渠道，借助水的渗流和重力流，来截流和集取地下水和河床潜流水，作为给水水源。

（2）结构。一般为穿孔管或无砂混凝土渗透渠，外侧填充砾石材料（图3-33和图3-34）。

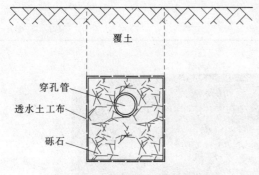

图3-33 渗管典型结构示意图

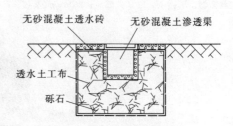

图3-34 渗渠典型结构示意图

（3）功能。具有渗透功能，能够收集屋顶、停车场及其他不透水地面的雨水径流，能够有效减少地表径流，具有一定调蓄雨水的能力，但净化作用不强。

（4）适用场地。小区、公园、庭院等雨水径流量较小的场地；不适合地下水位较高、靠近污染源以及结构不稳定的区域。

（5）适用性评价。空间需求较小，尤其适合用地紧张，面积狭长区域，但建设费用较高；渗水孔容易堵塞，清洗维护较困难，导致渗透能力下降；此外不能种植深根性植物，避免破坏管道。

3. 植被缓冲带

（1）概念。植被缓冲带通常又称为植被过滤带、河岸缓冲带、缓冲带、保护带等。主要是指建立在潜在污染源区与受纳水体之间，由林地、草地或湿地所覆盖的区域，植被缓冲带形状通常呈带状。植被缓冲带是由沿河岸两边向岸坡爬升的，由乔木灌木及其他植被组成，具有防止或转移营养物、沉积物、有机质、杀虫剂等污染物直接从农田进入河流生态系统的功能。

（2）结构。它是由乔木、灌木、草本共同构成的复合型植被带（图3-35）。

（3）功能。植被缓冲带能有效控制和稳定河岸的土壤侵蚀作用，增强河岸缓冲带的稳定性。它不仅能够吸收地表径流中的营养物质，还能减少面源污染，净化水体水质。同时也为水生、陆生生物提供重要的栖息地，能够保证岸边带景观生态系统的稳定性，为人类提供理想的户外活动场地。植被缓冲带的景观多样性明显，水陆相接，给人们提供亲水环境，使流域景观在美学价值上得到了提升。

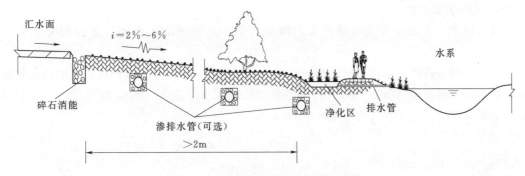

图 3-35 植被缓冲带典型结构示意图

（4）适用场地。可单独应用于不同类型的绿地边缘，也可以与其他设施整合，如位于湖滨、河道边缘则为河岸缓冲带；如地形坡度大于 6%，则会降低控制效果。

（5）适用性评价。适合大部分地区，对土壤渗透性要求不高且建设费用较低，但对于场地要求较高，通常与水体结合，具有较强的去污能力，对于减缓径流速度效果较弱。易出现沉积物堆积和植物过度密集的问题，后期维护有一定的难度。

4. 旱溪

（1）概念。旱溪，源于日本的"枯山水"造景灵感。即人工仿造自然干涸河床形态，铺设卵石作为溪床，在意境上营造"虽由人作，宛自天开"的溪水景观。旱溪不仅有禅意，而且节水，枯水季露出天然原石景观，雨季可以盛水，且维护费用低廉，方便介入。

（2）结构。断面结构（图 3-36）类似植草沟，边缘铺设卵石，底部铺设石块。在入水口和转弯处，宽度略宽，下游出水口设有缓冲区。

（3）功能。有助于排除场地内雨水径流，可将暴雨和季节性降雨的雨水传输至指定区域，减轻雨水对土地冲刷侵蚀，维持短时间储水。

（4）适用场地。多布置于汇水条件好的区域，如谷地、斜坡；若无汇水条件，则通过人工构建，所挖土方可作为溪床两侧的驳岸边坡。

图 3-36 旱溪示意图

（5）适用性评价。模拟溪流形态兼具景观效果，应用范围广，可用于小区、公园等绿地。与植草沟相比，旱溪更可以减轻雨水径流的冲刷强度，维护也较容易，但是净化效果不显著。

3.2.3 雨水调蓄储存系统

降水落到地面后，雨水调蓄储存系统具有雨水调蓄、滞留功能。为提高水资源利用率，收集的雨水径流可回用于清洁、灌溉，主要技术措施如下。

1. 雨水湿地

（1）概念。人工建造或自然形成的缓坡洼地，是介于陆生和水生之间的复杂生态系统。

（2）结构。包括进水口、前置塘、深水区、沼泽区、半湿区、缓冲区、出水口、紧急泄洪道和检修通道等（图3-37）。其类型分为浅沼泽型（图3-38）、池塘型、扩展滞留型、小型湿地。

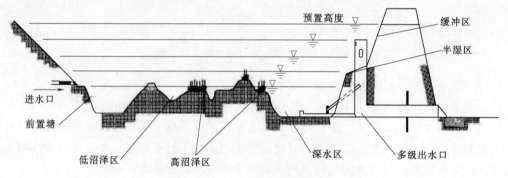

图 3-37　雨水湿地剖面示意图

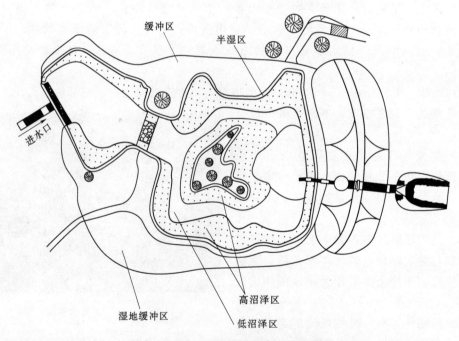

图 3-38　浅沼泽型雨水湿地平面示意图

前置塘（包括进水口）为预处理设施；深水区是积水最深的区域，占总面积的10%～20%；沼泽区占40%的面积；半湿区只有暴雨时才会积水；缓冲区也称非淹没区。

（3）功能。不同流域规模的雨水湿地具有不同的功能，大流域尺度，具有洪水调蓄、水质保持和生态修复作用；中小流域尺度，则有水质改善和水量滞留作用；小流域尺度，有雨洪管理、水质改善，非点源污染净化以及水量滞留作用。

（4）适用场地。适合有空间条件，靠近水系，地形低洼、湿润的绿地。

（5）适用性评价。需要丰富的水源补充才能有效地去除污染物，不适合干旱、半干旱地区。同时占地面积较大，建成和维护的时间、费用投入较高，不易推广。

2. 多功能调蓄池

（1）概念。具有调蓄雨水能力的景观设施，在长时间或大规模降雨时作为蓄水池；平时则作为休闲娱乐的绿化、广场空间。

（2）结构。呈低凹碗状。

（3）功能。短时间滞留雨水，削减降水峰值流量，加强城市防涝能力，提高土地资源利用率。

（4）适用场地。适用于有空间条件的绿化空间或日常活动空间（公园、绿地、停车场、运动场等），优先考虑下沉式公园、池塘等地形低凹处。

（5）适用性评价。有效削减峰值流量，功能复合，对场地条件要求较高，需定期维护，如底部沉积泥沙较多则无法发挥效果。

3. 雨水蓄水池

（1）概念。人工修建的，有雨水储存功能的构筑物。

（2）结构。分为开敞式（图3-39）和封闭式（图3-40）两种。开敞式蓄水池池体分为砖砌式、浆砌石式和混凝土式三种形式；封闭式蓄水池池底与池墙结构与开敞式基本相同，根据顶盖结构分为梁板式和盖板式。

（3）功能。具有储存雨水以及削减峰值流量的能力。

（4）适用场地。有雨水回用需求的场所，建造位置需要有稳定的、有足够承载力的基层，此外需要避开污染源。

（5）适用性评价。具有占地面积小，与雨水管渠衔接方便，储存水量大，封闭式具有避免阳光直射，减少蚊蝇滋生的优点，收

图3-39 开敞式蓄水池

集的雨水资源可用于清洁和灌溉。但建设费用和后期维护管理要求高；此外，储蓄水量较多会减弱调蓄能力。

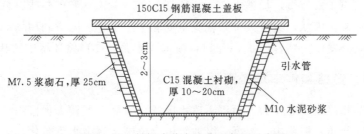

图3-40 封闭式蓄水池典型断面示意图

4. 雨水罐

（1）概念。地上或地下的封闭式简易雨水容器。

（2）结构。传统常用为木桶容器，现在一般采用金属或塑料容器，与屋面落水管相连。

（3）功能。收集雨水，供应小规模的非饮用水。

（4）适用场地。单体建筑周边。

（5）适用性评价。安装维护方便，但雨水储存容积较小，无净化能力。

3.2.4 低影响开发设施比选

通过以上对低影响开发单体设施的性能分析，列表总结归纳出不同单体设施的适用场地和功能作用，可根据表 3-11 作出较快选择。

表 3-11　　　　　　　　　　低影响开发设施比选一览表

适用场地	靠近建筑		建筑周边									远离建筑	
设施	绿色屋顶	雨水罐	透水铺装	下沉式绿地	雨水花园	渗透塘（池）	植草沟	渗管/渠	旱溪	多功能调蓄池	雨水蓄水池	雨水湿地	植被缓冲带
削减径流	●	●		●	●	●			●	●	●	●	
补充地下水			●	●	●	●					●		
滞留雨水	●	●		●		●	●			●	●		
传输													●
净化雨水			●		●							●	●
栖息地												●	●
调节小气候	●									●			●

注　黑点表示相应特征。

资料来源：奈杰尔·邓尼特等，2013；陈秉楠，2015；张丹，2018。

3.3 景观物质更新对策

萌芽阶段，城市河道绿地景观是在社会发展和自然地貌共同作用下，根据不同的地理环境形成的独特的景象，具有地方文化特色。工业时期，快速发展导致城市河道绿地景观大量硬质化、同质化和相似化。本章着重将城市河道绿地的空间结构和外观形态与人类日常活动相融合，构成一个社会文化的综合体。重点考虑改善城市河道绿地生态环境，将各个景观要素都适应于水环境，加强水域空间特征，兼顾考虑其形象塑造、景观游憩、引导指示和体现精神文化内涵，给游人带来视觉享受和亲水乐趣。同时利用场地高差将景观设计要素和低影响开发设施结合（图 3-41），模拟雨水循环在自然环境中的状态。

3.3.1 广场、道路和停车场景观更新

广场、道路和停车场等作为大面积不透水区域，容易汇聚较大规模的雨水径流。通过透水铺装、雨水花园、植草沟、下沉式绿地等组合设施，将雨水资源化。

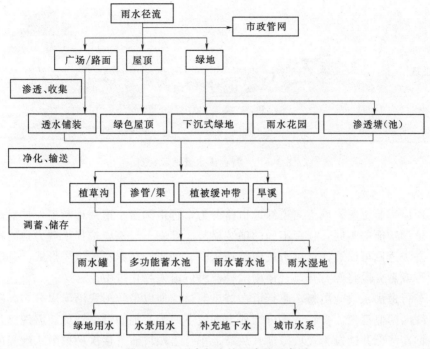

图 3-41 雨水径流处理步骤示意图

1. 广场

（1）地面铺装更新。广场硬地面积较大，长时间和大规模降雨容易产生地面积水，进行透水铺装更新，能够有效下渗雨水径流，解决地面积水问题，补给地下水资源。

除更换透水铺装方面，还要注意景观特色营造，利用广场铺装形式多样的特点，根据历史背景和景观特色选用不同形式、色彩或增加地面浮雕。

（2）景观小品更新。将广场上的座椅、树池、廊架等构筑物和低影响开发设施结合，具体表现如下：将广场座椅与生物滞留池、植草沟等结合，让人们在欣赏生态宜人的景观时，也可以休闲交流；将广场花坛、树池等与雨水花园结合，进行雨水渗透过滤型景观的改造，以收集和处理广场以及周边区域产生的雨水径流，同时也为人们创造了交流的氛围和平台；将广场绿化带与广场亭廊等结合，广场绿化带主要功能是过滤雨水，减轻雨水冲刷效果，可以采用降低绿地高度，与透水铺装和亭子等景观设施小品结合，并增加爬藤植物，形成自然宜人的休闲空间，让游人在休息的同时观赏到雨水被净化过滤的景观；设置旱喷景观，在非雨季同样使人们可以感受到水的活力。

（3）地面高差更新。利用城市河道绿地的台地，将局部空间下沉，作多功能调蓄池，在旱季时，作为人们日常活动空间；雨季，当降雨量较小时，可以首先通过绿化带等标高较低的雨水花园进行集蓄，同时运用城市河道绿地中的特色雨水景观（图 3-42），多余的雨水可以通过雨水口的溢流进入地下雨水利用系统进行处理后再利用。当降雨量较大时，雨水可以通过下沉广场空间暂时储存，同时在广场的高处设计溢水口及通行步道，以便于广场低处被淹没时可以保证行人的正常通行。这样进行广场空间设计，在满足景观需要的同时，也为游人提供了休憩的平台，并能过滤净化雨水。

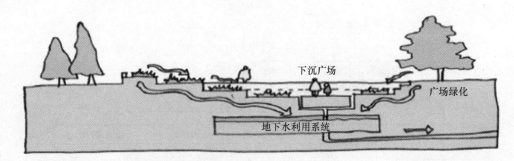

图3-42 特色雨水景观示意图

2. 道路

（1）地面铺装更新。城市河道绿地道路分为车行道和游步道两种类型，针对两种地面承载的重量和功能的不同，选择不同的铺装材料。其中车行道应选择承载力强的透水沥青混凝土；游步道则可以选择承载力较弱的透水砖、汀步、鹅卵石等组合形式。其次将侧石改为平侧石或者分段将侧石开口，使雨水径流可以流入绿化带中。

（2）车行道雨水设施更新。车行道在城市河道绿地以带状形式沿河岸分布，路面雨水从道路中线向两侧汇聚。更新方法分为地上和地下两种。地面沿道路更新需注意：①将两侧的绿地标高降低并铺设为缓坡绿地；从靠近车行道顺坡而下逐次种植耐水性强的地被植物、普通乔灌木，形成不同层次的植被群落；②在车行道之间的绿化间隔带中间设置条状生物滞留池，并在两侧路缘石上设置雨水流入孔；地下则分路段修建蓄水池（图3-43）。

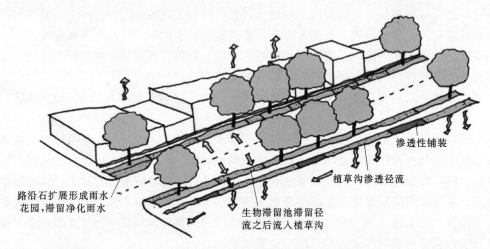

图3-43 植草沟与滞留池结合示意图

（3）游步道雨水设施更新。游步道以网状和带状的形式分布在城市河道绿地中，同样在道路两侧布置植草沟、渗透渠、植被缓冲带。尽量和自然环境结合，将雨水花园、旱溪、渗透塘等低影响开发设施嵌套其中，顺坡而下依次种植耐水淹能力强的植物，将雨水径流层过滤。地形较高处种植耐干旱易维护并能形成冬季景观的储水性乡土植物，使漫步其中的人们不仅能欣赏到自然之美、雨水之美，还能加强人们的生态保护意识，这便是游步道雨水设施（图3-44）。

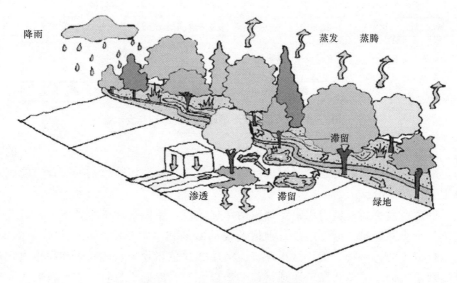

图3-44 游步道雨水设施示意图

3. 停车场

（1）扩大容量。随着城市机动车数量的增长，停车位的需求量也随之增加。城市河道绿地作为城市居民重要的休闲场所，急需对停车场进行改造和扩大，以解决周边城市居民和游客的停车需求。

（2）地面铺装更新。将地面铺装改为嵌草砖、碎石、生态植草地坪等透水铺装，周围侧石改为平侧石或分段将侧石开口，增加雨水径流的入渗量。

（3）地下空间更新。建造地下封闭式雨水蓄水池，解决降水峰值时段的雨水蓄积问题，减缓城市内涝；降水过后再将雨水抽送到市政管网中，由城市污水处理厂统一处理。也可建造雨水花园，降低地面标高，建造成为下凹式的雨水花园，在花园中设计雨水溢流口，当雨水超过其最大容量时将被排入城市排水管道中。雨水被引导到雨水花园后，雨水中的污染物被园中植物和土壤等截留、过滤，通过渗透雨水又流入土壤。而当雨水较多时，除被花园中容纳的一部分雨水外，多余的雨水通过分流系统，分别被排放到城市排水系统中和分流到蓄水管中。通过雨水花园的规划设计，可以较好地净化雨水冲刷带来的污染物并充分发挥土壤的渗透作用，使雨水尽可能被储存在土壤中。同时丰富多样观赏性强的植物种植，也改善和丰富了停车场的景观。

（4）植被更新。增加植被覆盖面积，选用可以吸收废气、滞留灰尘、冠大荫浓的乡土落叶乔木，间隔配置常绿乔灌木，形成丰富的景观层次。同时为停放的车辆提供遮阴，降低车辆能耗。周边和停车位中间设置带状生态滞留池，如遇长时间降雨和暴雨可滞留雨水径流，过滤雨水径流中的污染物，发挥土地自然下渗的功能，这便是广场、道路和停车场结合低影响开发（图3-45）。

3.3.2 建筑景观更新

建筑屋面的雨水较易收集，并且水质较好，是主要的回用水源。

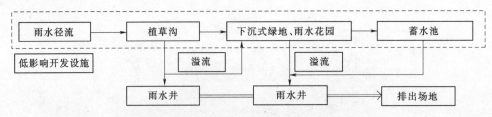

图3-45 广场、道路和停车场结合低影响开发示意图

（1）建筑风格更新。城市河道绿地内以小型的、低矮的建筑为主，形成统一的、标志性的河道绿地景观形象，对建筑风格进行整体规划，凸显地域特色。同时针对建筑本身功能在外观上进行区分。

（2）屋顶空间更新。城市河道绿地内的单体建筑，屋面空间较小，不适合设置花园式绿色屋顶，宜修建简单式绿色屋顶，种植低矮的灌木和草本植物，减缓和收集雨水径流，净化雨水径流中的污染物，美化城市环境。简单式绿色屋顶雨水的收集和净化过程可以作为景观展现给人们。简单式绿色屋顶材料一般以瓦质或混凝土材料为主，将屋面收集到的雨水经过雨水管道引至过滤器过滤后流入集水池，静置沉淀。屋顶花园的植物材料可以对暴雨起到缓冲作用，能够吸收空气中的大量有害气体，减少降水时这些污染物进入雨水；同时在屋顶花园的建造中减少了常规屋面材料的应用，大大减少了屋面材料老化对屋面雨水径流的污染。屋顶花园通过屋顶的绿化层截流、吸附天然雨水。利用植物根系及土壤中的微生物逐步降解雨水中的污染物质，过滤并净化水质，这些都在一定程度上净化了雨水水质（图3-46和图3-47）。屋面雨水收集净化流程示意图如图3-48所示。

植被层：景天科、禾本科等
多年生草本，花灌木、小乔
木等，优先乡土植物

栽培基质层：渗透性好，富含有机物

排蓄水结构：雨水暂存缓排
根系阻隔层：保护屋顶结构
屋顶结构：决定绿色屋顶类型
溢流口

图3-46 绿色屋顶示意图

（3）周围绿地更新。由绿色屋顶汇集的雨水径流通过雨水管至地面，当地面空间较小时，宜采用雨水桶临时储存小规模的雨水径流，雨水桶的形式可以是陶罐、水缸、水池等景观小品；部分雨水会沿屋顶边缘滴落，为减缓雨水对地面的冲击，沿建筑铺设卵石，抵抗雨水冲刷

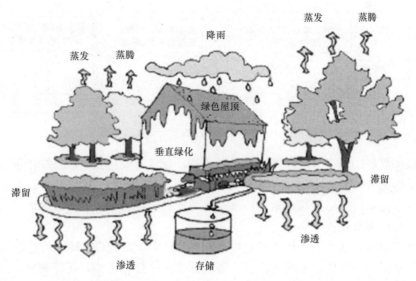

图 3-47 绿色屋顶雨水景观示意图

力度。如地面空间情况允许，则在周围设置下沉式绿地、雨水花园等设施，净化雨水径流（图 3-49）。绿地既可以作为雨水汇水面，又因其高程较低所以可起到雨水收集和净化的作用。不过绿地的径流系数很小，在水量平衡计算时需要注意，既要利用绿地的截污和渗透功能，又要考虑通过绿地的径流量会很小，不会收集到充

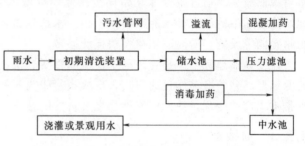

图 3-48 屋面雨水处理流程示意图

足的雨水量，故应综合考虑分析，充分发挥绿地的作用，达到理想的效果。

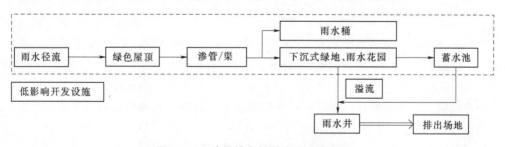

图 3-49 建筑结合低影响开发示意图

绿地汇水面具体又可以分为道路旁的下凹绿地和场地内休闲绿地中的洼塘。

3.3.3 竖向更新

绿化带作为城市河道绿地中覆盖范围最广的要素，也是雨水的汇水面，对雨水径流有收集和净化作用（图 3-50）。

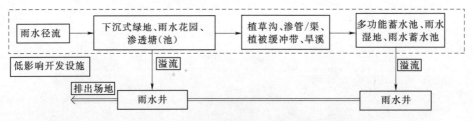

图 3-50　竖向设计结合低影响开发示意图

（1）坡度更新。城市河道绿地作为线性景观，兼具防洪功能，因此绿化带具有一定的坡度。但是绿化带的堆坡不仅阻挡了河道和城市空间的沟通，还无法减缓和滞留雨水径流。景观设计更新时应尽量减小地形坡度，将坡度进行陡缓变化或成台阶形式，尽量延长径流路径，加强雨水径流下渗量。

（2）高程更新。地形高差作为场地中最重要的因素，景观设计更新时应遵循因地制宜的原则，尽量保持绿化原有的场地高程，不仅能够保护自然环境，还能减少土方运输量。

目前城市河道绿地绿化带以堆坡形式为主，雨水径流沿坡面流至两侧铺装面，造成雨水资源的流失。通过改变绿化带高差关系，降低绿化带标高或抬高铺装面形成下沉式绿地，使场地中的雨水径流能够滞留；当汇水面较大，雨水储蓄量增加，宜设置雨水湿地、雨水花园等设施；沿河道则建设植被缓冲带。

改变地形地势不仅是管理雨水径流的重要对策，也是丰富空间层次的重要手段。通过改变地形高差塑造多样化的空间，形成或封闭或开敞的空间，给人们的视觉感官和空间感官带来丰富的变化，使人们能够尽享大自然的魅力。

3.3.4　河道景观更新

水流是城市河道绿地中最特殊的元素，而河道与河岸的关系最为紧密。河岸主要分为人工河岸和自然河岸两种，城市河道绿地中的河岸大多为人工河岸，进行过硬质化处理，自然生态环境严重破坏。恢复自然河岸形态不仅有利于修复河道生态环境，还能缓解城市雨水问题。

（1）文化元素更新。重视城市河道的历史背景，借助乡土材料如乡土植物、建筑构件等，融入文化元素。种植乡土植物，如市花市树等地区性植物，塑造地域风格。或将石碑、水车、石磨、牌坊等具有历史价值的构件，或具形象化地方历史、经典文学等内容，结合艺术手段融入景观空间中。乡土植物景象随着季节变化，不同材质的地平面既界定了边界而又模糊了边界的概念。可以通过保护现存乡土植物来表现丰富的人文地理环境，追求场地的自然之美。

（2）河岸形态更新。通过拓宽河岸范围，改变河岸形态形成凹岸、凸岸、深潭、浅滩等自然形态，修复河道水生环境。沿岸设计植被缓冲带，从城市向水体方向，依次种植多年生乔本科植物、乔灌木植物，以及耐水淹乔木和水生植物，减缓和净化雨水径流，减小水流的冲刷力。

靠城市内侧充分利用绿化空间设计下沉式绿地、雨水花园和雨水蓄水池等具有调蓄、净化雨水径流作用的设施。

（3）亲水设计更新。根据不同河道水位（如5年一遇、10年一遇、100年一遇、1000

年一遇）设计亲水设施，当广场遭遇5年一遇的洪水时，可在广场的下凹雨水花园中收集雨水，形成景观，游人可以在广场中交流休憩；当遭遇10年一遇的洪水时甚至是50年一遇的洪水时，广场就变成了蓄水池储存雨水。通过河岸高差变化代替单调的防汛墙设计，增加人们亲近水流的机会，提高河道对人们的吸引力（图3-51和图3-52）。

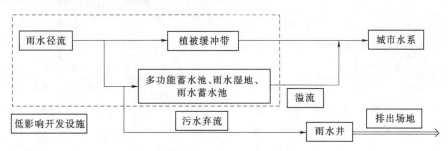

图3-51 河道结合低影响开发示意图

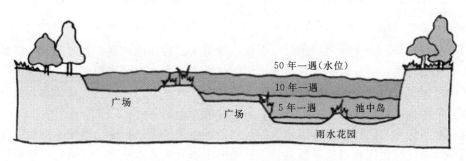

图3-52 多功能雨水景观广场示意图

3.3.5 植物配置

基于低影响开发背景，可用于城市河道绿地更新的植物目录庞杂众多，由于各项设施的构造、功能不同，土壤湿度不同，根据植物的耐旱性和耐淹性等性能对其进行分类（表3-12）。将不同设施与植物的特性结合，创造富有水域特色的景观空间。

表3-12 部分低影响开发设施植物选用建议表

植 物 选 用	应用设施或区域		耐旱能力		耐淹能力		抗风能力	抗冲刷能力	净化能力	根系	
			较强	强	较强	强				浅	发达
低矮的多年生草本、地被植物：垂盆草、细叶芒、紫花地丁、萱草、菖蒲、八宝景天、佛甲草、草地早熟禾等	简单式绿色屋顶		●		●		●				●
挺水植物或乔灌木：花叶芦竹、野牛草、土麦冬、弯叶画眉草、马蔺、水杉、落羽杉、池杉、垂柳等	雨水花园、下沉式绿地等	蓄水区	●			●		●			●
多年生低矮草本植物或灌木：青绿苔草、土麦冬、高羊茅、萱草、马蔺、金叶小檗、红叶石楠、黄果火棘等		缓水区	●		●			●			●
多年生低矮草本植物或灌木：须芒草、金叶小檗、红叶石楠、黄果火棘、金焰绣线菊、马蹄金、细叶芒、蒲苇等		边缘区		●							●

续表

植 物 选 用	应用设施或区域		耐旱能力		耐淹能力		抗风能力	抗冲刷能力	净化能力	根系	
			较强	强	较强	强				浅	发达
多年生草本植物：结缕草、野牛草、草地早熟禾等	植草沟、旱溪		●	●	●			●			
根据当地条件选择丰富的植物种类		缓冲区	●	●							
参考雨水花园的植物选择		半湿区	●	●				●			
水陆两栖或耐淹的小型乔灌木：美人蕉、鸢尾、木绣球、垂柳等	雨水湿地、渗透塘等	进水区	●				●	●			
挺水植物：香蒲、芦苇、水葱、荷花、慈姑、鸢尾等		沼泽区	●				●		●		●
沉水植物、浮水植物和少量挺水植物：金鱼藻、狐尾藻、睡莲、凤眼莲、荷花等		深水区					●		●		●
多年生草本植物：结缕草、野牛草等	嵌草砖		●	●					●		

注 黑点表示相应特征。

资料来源：王佳等，2012；梁美琪，2017；刘谦，2019。

（1）绿色屋顶。由于绿色屋顶具有渗透、滞留雨水的功能，遇到长时间降雨或暴雨会形成短时间的积水，所以植物需要具备短时间耐水淹能力；屋顶光照充足，土壤干旱时间长，植物还需具备抗旱性；同时绿色屋顶位置较高，风速较强，种植土层较薄，植物生长条件恶劣，需选择抗风能力强、根系浅、易生存的乡土植物。

绿色屋顶的植物选择需要考虑建筑的荷载和种植条件，根据绿色屋顶不同规模选择植物。其中简单式绿色屋顶以抗旱能力强、低矮的多年生草本植物为主，植物根系不能超过基质层厚度，维护简单，以减少人工管理为选择宗旨。

花园式绿色屋顶所应用的建筑荷载能力强，基质层较厚，形式类似传统花园，可选择植物类型丰富，需要频繁的人工灌溉和维护管理。

（2）雨水花园、下沉式绿地等。雨水花园、下沉式绿地等设施结构和功能相似，即通过生态沉积池、湿地、生物滞留池和处理池进行收集和净化，最后将处理过的雨水汇入净水系统。其结构为下凹式洼地，形成不同的土壤湿度与储水水位，由此分成蓄水区、缓冲区和边缘区三个区间（图 3-53）。

1）蓄水区：遇到长时间降雨和暴雨会形成积水区，土壤经常是潮湿或有积水的，植物需具备强耐淹能力和一定的耐旱能力。

2）缓冲区：当积水容量超过蓄水区时暂时储存雨水的区域，植物需具备短时间耐淹能力和抗旱能力，以及抵抗雨水冲刷的能力。

3）边缘区：不具备蓄水功能，相对土壤较干燥，宜选择耐旱性佳的植物。

（3）植草沟、旱溪等。植草沟、旱溪等线性设施，具有雨水运输作用，一定情况下可以代替传统雨水管道，因此主要选择能够抵抗雨水冲刷、周期性水淹以及耐旱的植物。因一般设置于道路两侧或透水铺装周边，所以植物种类较为单一，以草本植物为主。雨水径流停留时间短，通过增加植物密度提高其净化效果。

（4）雨水湿地、渗透塘等。雨水湿地、渗透塘等设施的构造涉及水陆两个部分，不同功能区的积水深度和土壤条件差异较大，适合的植物类型也较多样。根据土壤湿度由干到

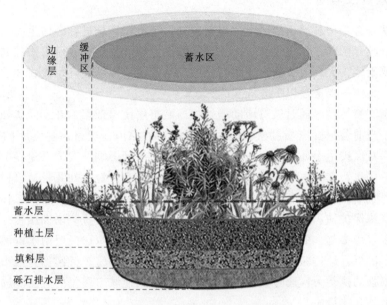

图 3-53　雨水花园蓄水分区示意图

湿分为缓冲区、半湿区、进水区、沼泽区和深水区五个区域。

1）缓冲区：永久无水淹，适宜耐旱性佳的植物，可选用植物种类广，植物层次丰富，乔灌木和草本植物可以任意组合配置。

2）半湿区：一般情况下为干旱环境，长时间降雨和暴雨后会有积水，应选用耐旱性佳并可以承受短时间水淹的植物。

3）进水区：水陆交接的地带，常年或者季节性有积水，土壤湿润，宜选用水陆两栖植物或耐水淹的小乔木和灌木，其中进水口需要选用具有抗雨水冲刷能力的植物。

4）沼泽区：常年或大半年有水，水深0.5~1.5m，宜选用耐水淹能力强的挺水植物。

5）深水区：常年有积水，水深0.5~1.8m，宜选用适合在深水区生长的沉水植物、浮水植物以及少量挺水植物。

（5）嵌草砖。为透水铺装中的一种，能够有效下渗雨水，减缓雨水径流，植物在混凝土砖块的空隙中生长，具有抗践踏的能力，以及短时间耐水淹和长时间耐旱能力。

3.4　非物质更新对策

非物质与物质相反，主要泛指思维、意识、心理层面的主观反映。相较于物质更新对策，非物质更新对策没有可见的具体形象，主要通过制度建设和社会力量支持，针对性地提高系统能效和社会接受度。低影响开发是专门针对控制雨水径流量、峰值流量与径流污染的体系。本研究对低影响开发背景下的城市河道绿地的非物质更新对策展开了探讨。

3.4.1 大众普及教育

普及公共教育，提高城市居民对环境保护的道德意识，推进社会的生态文明建设。对城市居民展开教育活动，强化公众主体意识，是低影响开发理念在城市推广和项目得以顺利展开的重要策略。大众普及教育还包括社区、企业的宣传培训，主流媒体的宣传，品牌意识的推广，具体主要通过以下方式实施。

（1）全民文教活动。通过教育活动能够提高城市居民对低影响开发的认知水平、参与能力，这也是当前各个国家高度重视全民文教活动的原因。通过声势浩大的全民文教活动，增加公众对保护生态环境的责任感，提高积极参与低影响开发体系建设的主动性。根据公众的年龄层次、文化水平，开展不同程度的教育活动，针对幼儿教育以树立参与意识为主，打好思想基础；青少年则通过开展河道生态学户外课程，直观感受水环境的重要性，学习水资源保护知识；而相对文化水平较高的人群则开展技能培训课程。

（2）社区宣传参与。低影响开发建设旨在唤醒每一个城市居民对雨水资源的主人翁意识，使城市居民更好地体验雨水的魅力，重新审视城市水环境。社区作为最小单元的政府机构，具有很强的执行力，通过宣传、民意调查等方式使城市居民的想法能够有效反映到城市河道绿地景观建设中。

（3）后续经营管理。在每个低影响开发项目建成后，鼓励周边企业、机构认领管理项目，通过开展相应的宣传活动，构建良好的企业社会形象，以及获取资金作为维持项目后续发展的建设费用。

（4）多种媒体宣传。以低影响开发为品牌，利用报纸、电视、广播等传统媒介，以及吉祥物、标志等方式树立城市河道绿地鲜明的品牌形象；此外，利用新媒体传播媒介，如手机 APP 和公共艺术展览等形式，将低影响开发项目和城市居民生活融合在一起。

3.4.2 法规管理监督

城市河道绿地的景观规划是长期的、综合的水资源治理计划，具有近期和远期的规划阶段。期间如果没有权威的法律法规，则无法保障维持长期的运行效益，由此失去规划的意义。树立新的治理理念，应制定相关法律法规，健全治理与维护相结合的机制，利用现代信息技术监控和保护区域实时水情，提高城市居民法制化的环保意识，营造全社会监督关注的氛围。

（1）转变治理理念。从雨水利用和安全排涝的角度出发，将原本"末端治理"理念转变为在径流源头就地处理，控制径流流速和方向，形成从流域到城市范围的统筹治理理念，从传统"快排"方式向慢渗可持续转变。河道本身具有汇集、调蓄和净化雨水的功能，通过低影响开发设施收集河道绿地内的雨水资源，结合净化设施，满足城市河道绿地的景观美学要求，保障城市用水安全，同时需符合安全防洪要求。另外，从城市规划整体管控的角度出发，低影响开发虽然是针对城市雨水问题的有效手段，但对于其建设效果不能仅仅是"就水论水"，环境的改变会对城市多个方面造成影响，必须依据城市整体规划，针对性建设，协调各层级、各专业落实设计目标。

（2）整合管理体制。从监管角度看，政府管理部门应增加全程监管体系，即应在项目开发过程中就展开监管工作，确保低影响开发设施能够落到实处；构建相应的奖惩体制，鼓励建设人员规范操作行为。

从管理机构角度看，应增设专项管理机构，改变原有政府部门各自为政的现状，统筹相关部门的职责。此外，应设立城市防洪排涝专项应急机构，提升政府面对灾害的应急能力。

（3）完善相关政策。为了更好实现低影响开发的目标，制定低影响开发规范性文件，应将法律法规的建议条例转变为必须执行条例，保障低影响开发的实施效果；详细制订大型公共建筑、住宅区、学校、市政道路、园区等不同场所的导则；以降低低影响开发设施管理成本为准则，达到最佳的雨水资源保护效果。

（4）建立智慧管理。将低影响开发和智慧城市结合，利用信息技术实现城市河道绿地智慧化管理模式。

借助遥感技术、2D 和 3D 地理信息整合技术，建立多维指标体系；利用数据预警和报警技术、海量数据筛选技术，对城市河道绿地内市政管网、交通流量、河道水位高度、城市生态信息和城市积水情况等进行综合监控，提前做好预警工作，多角度了解现状情况，制定应急指挥方案。根据雨水设施布局，进行水污染监控，实时监测生态数据，实现雨水资源化利用。此外，智慧监管的方式，能够帮助管理部门和项目使用者认识水耗情况，从而制定针对性措施。

3.4.3 人文美学营造

人类是自然的一部分，城市是人类文明的产物，所以城市河道绿地景观设计需要满足自然与社会双重建设标准。通过整合自然科学与人文学科，凸显人文历史、地域特性，从根本上促进城市河道绿地景观和城市共同繁荣。秉持设计结合自然的原则，通过体验式景观激发人们的共情，重建人们心中雨水资源的价值，重塑人们对自然的态度，获得人们对低影响开发的认同。以下介绍如何通过视、听、触摸三种感官刺激，展开人与自然的对话。

（1）视觉感受。人类 70% 的信息接收都来自于视觉，颜色和形态信息对于人类来说是对景物的第一印象，将低影响开发设施形式艺术化处理，使雨水径流可视化，让人们感受到雨水资源。

景观设计是空间的艺术，需要点、线、面合理布局，低影响开发设施亦是如此。其中点状元素包括绿色屋顶、雨水花园等；线状元素有水平方向的植草沟、植被缓冲带、旱溪以及竖向的跌水瀑布等；面状元素有雨水湿地、雨水花园、多功能调蓄池和自然水体等。

点状元素，如绿色屋顶结合建筑形成高低错落的空间；雨水花园与道路、建筑、大型广场、绿地等结合，平面形式灵活多变，也可结合功能需求呈连续型或间隔型点状元素。点状元素是场地中吸引人们注意并开始探索雨水踪迹的起点，重复出现能够形成强烈的韵律感。

线状元素，如旱溪模仿天然溪流形态，结合实际场地呈直线型或曲线型，竖向关系根据地形高低变化。串联景观序列中的线状元素，是人们追踪、探索雨水径流运动的线索，增加了低影响开发设施的趣味性。

面状元素，如多功能调蓄池结合日常功能需求，呈不同空间形态，地形高差通过台阶、缓坡形式消化，形成丰富的层次感。面状元素往往是雨水径流的终点，作为景观序列中的高潮，能够进一步强化雨水资源带给人们的视觉体验。

此外，色彩也是刺激视觉感官的重要元素，明暗、冷暖都能够影响人们的心理感受，将"灰色"雨水设施改为暖色调材料，可增加低影响开发设施的亲近感和吸引力。

在自然界中，雨水降落至地表后会发生漫流、蓄积、下渗、蒸发等行为；在城市环境中，雨水径流的运动都发生在以管道为主的地下网络中，雨水径流进入雨水口之后就不再可见。借助低影响开发人工恢复往日自然环境中的雨水循环路径，再现雨水渗透、流淌、蓄积等径流运动，构建多样的运动景观情态，如瀑布、叠水、溪流等，将雨水循环路径、流动速度视觉化处理，可感染人们重新认识雨水资源。

（2）听觉感受。听觉是除视觉之外接受信息最多的感官通道。"听雨"就是自古造园的重要元素，呈现雨水之美的另一种方式。"留得残荷听雨声""小楼一夜听春雨"等诗句正是描述了雨水落在不同景物上的声音感受，丰富的落雨声加深了景观空间的体验层次，增强了人们心中对雨水资源在景观意境营造中的重要性认知。

根据"声景学"的概念，日常以江水拍击河岸的声音为基调，利用旱溪、叠水、喷泉等动态水景营造多样的水声，增加城市河道静态景观的灵动感。

在雨季，则以窸窸窣窣的小雨声或电闪雷响的暴雨声为基调，通过不同的汇水面材质形成丰富的落雨声，如绿色屋顶、硬质铺装、江面等植被覆盖程度不同造成不同的听觉效果，江面上水生植物密植产生富有层次感的落雨效果；绿化带中不同的植物种类，如松、竹、芭蕉等植物营造出不同的景观氛围，当风雨袭来形成"松涛""竹韵"和"雨打芭蕉"等声音景观，充实城市河道绿地中的人文意境。

通过不同的汇水面、不同植被、不同降雨规模，营造不同的声音效果，形成富有季节性和人文情感的城市河道绿地景观，增加游览的趣味性。

（3）触觉感受。触觉是人与景物接触获得的感受，对于景观的体验最为直观。通过低影响开发设施材料多样化和水流可触化，丰富景观质感，可使雨水更具吸引力和趣味性。

按照因地制宜的原则，就地取材利用乡土材料，可丰富场地情感与地域文化。如将砖瓦、石材、竹等乡土材料组合利用，形成或细腻或粗犷，或宁静或喧嚣的地域特色，减轻传统混凝土、金属材料的冷漠感和距离感；保护现状资源，减少材料运输造成的环境破坏。此外，乡土植被在营造场地特色景观的表现力与感染力上具有明显优势，同时对于应对城市河道绿地复杂的生态环境，乡土植被具有生态适应优势。重视乡土景观设计的精神内涵和景观意象，对于传承城市文脉有重要贡献。

只有让人们真正触摸到水，才能令人们真实体会到雨水的价值，通过低影响开发设施，增加人对雨水的触觉感受。

综上所述，通过雨水利用设施的形态更新和雨水径流的可看、可听和可触化转变，能使雨水资源重新被人们认识和感知。同时也为低影响开发提供了一个良好的宣传教育平台，实现室外教育环境，激发人们对雨水资源化利用的认同感，从而普及低影响开发理念。

3.5 本章小结

本章基于低影响开发理念，以城市河道绿地景观更新原则、雨水生态设施体系为基础，对城市河道绿地更新的相关理论进行了阐述，并提出城市河道绿地汇水面物质更新策略，对其进行详细的分析研究，具体包括雨水渗透收集系统、雨水净化输送系统、雨水调蓄储存系统。同时引入景观物质更新策略及非物质更新策略，通过对城市与河道绿地空间关系的解读、促进城市社会经济发展的整体化、城市滨水文化的延续、完整的水系自然格局保护、河流生态环境保护、城市流域水文条件的改善，为雨水景观更新策略的实施奠定了基础。同时城市河道绿地景观更新必须综合考虑自然过程以及人类活动的影响，应该采用综合性更新策略，以平衡各方面利益。

第四章

城市河道绿地调研

4.1 黄浦江调研

4.1.1 背景与现状

黄浦江是上海市的地标性河流，始于上海市青浦区朱家角镇淀峰的淀山湖，后在吴淞口注入长江，流经整个市区，将上海分成浦东和浦西两个区域。黄浦江在历史的变迁中，河道规模不断扩大，西南连接太湖，东北流入长江，全长114km，河宽300~770m，为上海提供主要的生活、生产用水，具有航运、排洪、旅游、交通等功能。

2015年，黄浦江干流3个水文站的年最高潮位都已经超警戒水位（表4-1）。黄浦江流经区域地势低平，市区地面平均高程3~4m，汛期时内陆大部分区域都低于黄浦江水位。

表4-1　　　　2015年上海市黄浦江各水文站年最高潮位表

水文站点	历史最高潮位 /m	警戒水位 /m	2015年最高潮位	
			潮位/m	时间
吴淞口站	5.99	4.80	5.00	9：29
黄浦江公园站	5.72	4.55	4.85	9：29
米市渡站	4.61	3.50	4.20	9：30

数据来源：《2015上海市水资源公报》。

自1840年成为对外通商口岸后，上海城市建设进入繁荣的新时期，黄浦江东岸码头、仓库、工厂迅速发展，成为城市生产和交通的核心。新中国成立后至改革开放，第二产业不顾城市环境高强度发展，造成严重的水质污染。改革开放后，人们开始重视自然景观资源，黄浦江沿岸地价因此上涨，开发模式向生态治理转变。

本研究范围选取黄浦江东岸东方路到南浦大桥之间约6.9km的河道绿地（图4-1）。

（1）东方路至浦东南路区段。该区段主要是上海船厂滨江绿地（图4-2）。上海船厂滨江绿地是2017年黄浦江两岸公共空间45km贯通工程的重要组成部分。地面是滨江绿

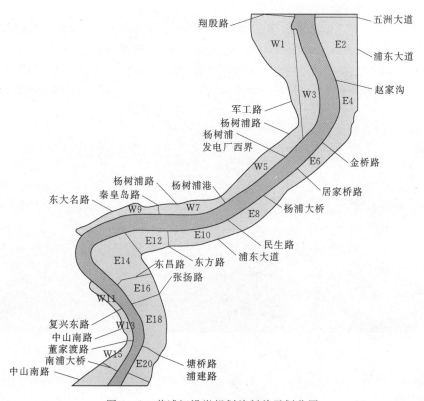

图 4-1　黄浦江沿岸规划编制单元划分图

图 4-2　东方路至浦东南路区段图

地，地下为都市文化空间。

　　空间结构前低后高，依次为水体、10m滨江步道、绿化带和城市道路。绿化带为斜坡形式，被高约50cm的灰色花岗岩花坛包围。进入绿地的入口较多，无明显的集中主入口。城市道路与滨江步道之间的高差通过台阶、坡道等过渡、消化（图4-3）。滨江步道铺装为红灰色席纹广场砖，护栏形式为黑色金属铁链（图4-4）和花池结合，整体呈现现代风格。

图4-3　台阶

图4-4　黑色金属护栏

　　植被以常见的本土绿地植物为主，乔灌木层次丰富，保留和搬迁了部分原址上原有的植物。整体的植物设计偏人工规则，缺乏自然式群落。硬质堤岸阻断了水面与绿地的联系，缺少水生植物，装饰性的花盆生态性弱，较为封闭（图4-5）。整体生态环境系统结构单一。

　　文化元素保留了原船厂的铁锚、系缆桩、泵站和上海船厂建筑等。上海船厂建筑由拥有150多年历史的祥生造船厂改造而成，现在是该区块内最主要的时尚艺术商业空间。区块内还有部分工业雕塑，并设有观景台和休闲廊架等亲水设施（图4-6和图4-7）。骑行道和跑步道建在滨江的高坡上，此外还有滨江步道。步行系统贯通性较差，泰同栈渡口广场为步行断点，与步行交通方向相冲突（图4-8）。

图4-5　植被带

图4-6　观景台

图 4-7 休闲廊架

图 4-8 渡口广场

（2）浦东南路至东昌路区段。该区段为小陆家嘴滨江绿地，全长 2500m，是集观光、绿化、交通及服务设施为一体的沿江景观工程（图 4-9）。它由亲水平台、坡地绿化、半地下厢体及景观道路等组成。周边建筑多为现代化商业建筑。空间形式变化丰富，用地复杂，下面以东方明珠游船码头为节点分东西两段进行分析。

东段，空间结构同东方路至浦东南路区段，依次为水体、10m 滨江步道、绿化带和城市道路。绿化带为花坛包围形式或无花坛形式，内有若干小型商业建筑（图 4-10），外立面为现代的玻璃幕墙，外设露天座椅（图 4-11）。

图 4-9 浦东南路至东昌路区段图

图 4-10 商业建筑

滨江步道铺装有红色广场砖、混凝土压膜地坪和板岩碎拼三种形式，护栏分别为黑色金属栏杆、防汛墙结合白色金属栏杆、黑色金属栏杆结合花坛三种形式（图 4-12～图 4-14）。由于维护不当，花坛内植物枯萎，护栏漆面脱落（图 4-15）。植物同东方路至浦东

图 4-11 露天座椅

南路区段，生态环境单一，部分绿化空间被商业建筑占据，只有低矮的灌木带和草皮覆盖（图 4-16）。

图 4-12 铺装和护栏一

图 4-13 铺装和护栏二

图 4-14 铺装和护栏三

图 4-15 白漆护栏

文化元素有工业雕塑和小品等；亲水设施为滨江步道和混凝土亲水平台（图4-17和图4-18）；步行系统较为连贯，采用坡道和台阶形式（图4-19）处理步行断点，直至东方明珠游船码头处，步行通道中断（图4-20）。

图4-16 灌木带和草皮

图4-17 亲水平台一

图4-18 亲水平台二

图4-19 坡道和台阶

西段是小陆家嘴滨江大道段最精彩的区段，三层台地空间，集防汛墙、滨江大道、观景平台、轮渡码头和地下停车场于一体（图4-21和图4-22），适应不同水位情况，兼顾防汛功能。每年夏季台风期间，滨江大道近东昌路的一段有时会被潮水淹没。绿化带由高约50cm的砖红色花岗岩贴面花坛包围。

滨江步道铺装材质有砖红色花岗岩、黑色金属、木质或混凝土材料等，具有浓厚的工业气息，其中游步道铺装杂乱，不统一（图4-23）。铺装整体透水性差。护栏为砖红色防汛墙、金属栏杆和景观灯结合形式（图4-24），或黑色金属栏杆形式、无护栏形式。植物以草坪结合灌木带为主，有少量水生植物，河滩环境脏乱（图4-25）。

图4-20 断点

图4-21 小陆家嘴南段三层台地鸟瞰

图4-22 景观台阶

图4-23 游步道

图4-24 铺装和护栏

　　文化元素有码头、工业材料、芦苇等。不同高度的滨江步道和观景平台提供绝佳的亲水感受。步行系统贯通性较差，富都停车场、中森会、滨江壹号、海龙海鲜坊、外滩游艇会等形成大范围步行断点（图4-26和图4-27）。如遇暴雨，部分亲水步道被淹造成季节性断点（图4-28）。

图4-25 小陆家嘴滨江绿地河滩

图4-26 断点外侧道路

图 4 - 27 断点外侧围栏

图 4 - 28 季节性雨洪淹没人行道造成的步行断点

（3）东昌路至张杨路区段。该区段为东昌路滨江绿地，周边用地多为商业和住宅区（图 4 - 29）。岸线平直，空间结构和同东方路至浦东南路区段。

图 4 - 29 东昌路至张杨路区段图

绿化带为缓坡，呈两侧向中间堆坡的形式，局部设置台阶、坡道等过渡高差。滨江步道铺装为木平台和灰色大理石波浪形组合，护栏为灰色金属栏杆（图 4 - 30），植物以大草坪为主，中间为乔灌木组合形式，形成较封闭的滨水空间（图 4 - 31）。

图 4-30 木质铺装　　　　　　　　　　　　　　图 4-31 植被

　　文化元素有东昌路宏豪浦江一号建筑（图 4-32）、景观小品（图 4-33）等；亲水设施仅有滨江步道，形式单调；断点主要位于区段两端，为东昌路、杨家渡渡口广场、东昌路宏豪浦江一号和东昌路篮球场，步行系统贯通较好，但出入口不明显（图 4-34 和图 4-35）。

图 4-32 东昌路宏豪浦江一号

图 4-33 景观小品

图4-34 东昌绿地篮球场

图4-35 东昌路滨江绿地出入口

（4）张杨路至塘桥新路区段。该区段主要空间为老白渡滨江绿地（图4-36），原为工业用地，由原上海港最大的煤炭装卸区（上港七区）和上海第二十七棉纺厂的江边地域改建而成。北至张杨路，与东昌绿地相连，南至塘桥新路，岸线长1018m。空间结构同东方路至浦东南路区段。

图4-36 张杨路至塘桥新路区段图

77

绿化带为平地无花坛形式，局部有木质材料结合混凝土花坛，延续工业风格（图4-37）。

滨江步道地面为木质或花岗岩铺装，护栏形式分为混凝土防汛墙和黑色金属链条两种（图4-38和图4-39）。植物以丰富的乡土植物为主，四季景色分明，但缺少水生植物。

图4-37 铺装和花坛

图4-38 混凝土防汛墙

文化元素丰富，保留了系缆桩、高架运煤廊道、煤仓以及部分原上海第二十七棉纺厂烟囱等实物。绿地还利用基地废旧材料再造了座凳、花箱、广场等设施。亲水设施为滨江步道，其中长运码头处游船密集，亲水性极差。

区段内步行系统贯通性较好，其中仅一处断点，阻断原因为活动式防汛墙（图4-40）。其他断点位于区域两端，分别是张家滨桥、塘桥渡口广场、陆家嘴管理委员会。有较多出入口和明显的主入口（图4-41），其中煤仓构筑物正在封闭式施工，导致该区段目前通达性较差。

图4-39 黑色金属链条护栏

图4-40 防汛墙

（5）塘桥新路至南浦大桥区段。该区段北段船坞为施工状态，完全封闭；南段为上海体育公园（图4-42）。空间结构从水体向内依次为高桩码头、建筑、公园绿化和城市道路。

高桩码头地面铺装材质为混凝土，透水性差，缺乏生态功能（图4-43）。护栏为蓝色金属材质，外侧种植云南黄馨，公园内侧绿化以开阔的草坪为主（图4-44）。保留工业轨道作为场地内文化元素，此外还有高桩码头和红砖等古典风格的建筑。亲水设施仅有高桩码头。北段封闭性施工，南段上海体育公园带有私人俱乐部性质，通达性较差。

图4-41　入口景墙

4.1.2　景观现状分析

1. 护岸

上海城市建设历史长，发展起步时间早，地面硬质化已经达到较高的程度。上海市的工程治河方式在初期以防洪排涝为主，缺乏对自然水文循环以及城市生态性的考量。本研究范围位于城市高度开发区域内，护岸早已高度硬质化（图4-45和图4-46）。陆家嘴滨江大道区段保留有小部分自然滩涂（图4-47），其中4m标高处距离常水位仅0.9m，是离江面最近的亲水平台。

图4-42　塘桥新路至南浦大桥区段图

79

图4-43　高桩码头

2. 绿地功能

目前，黄浦江滨水开放空间总的来说，活动类型较为单一，主要以观景、拍照为主（图4-48），其中东昌路滨江绿地和上海船厂滨江绿地有较多跑步、晨练、钓鱼的人群；陆家嘴滨江绿地功能较为丰富，部分绿化结合餐厅、咖啡厅等商业建筑（图4-49），为居民和游客提供了多样化的活动功能，尤其到夜晚，大量人群聚集在此进行跳舞、演唱等活动。

图4-44　公园绿地

图4-45　东方路附近护岸

图4-46　陆家嘴附近护岸

图4-47　滨江大道河滩

图4-48　江边观景人群

3. 道路与街区系统

（1）城市河道绿地慢行系统。黄浦江两岸滨江开放空间的设计中对骑行道、跑道以及步行道等慢行系统都有考虑和建设实施，但在实际投入使用时，被轮渡码头、工业用地、私人会所以及防汛墙等建筑和设施占据了部分用地，阻断了通行，形成慢行系统的断点，使慢行系统的贯通性大大降低（图4-50和图4-51）。

图4-49 商业建筑

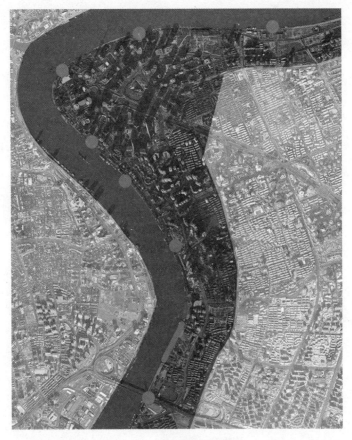

图4-50 绿地断点示意图

（2）道路与河道的关系。与水体平行的道路，如浦东大道和浦东南路，由于沿线绿化带遮挡无法看到江面和感知江水，造成江水与城市空间在一定程度上的割裂；垂直于水体的道路，同样与河道关系疏离，道路尽端缺少向水面延伸的静态景观。

4. 跨越构筑物

（1）桥体超人体尺度。南浦大桥跨越尺度巨大，服务对象为机动车，无人行上桥通道，也不适宜步行活动，因此人们无法观赏黄浦江纵向景观。

（2）桥下空间环境差。南浦大桥桥下空间仅有少量景观小品，整体景观设计薄弱。高桩码头是体育公园的一部分，部分空间作为商业和停车场空间，但与城市腹地联系弱，丧失了作为公共用地对城市应有的正面引导效应（图4-52和图4-53）。

图4-51　高防汛墙

图4-52　桥下空间

5. 停车场

黄浦江东岸绿地停车场分为地上和地下两种（图4-54），地上停车场往往成为步行断点，影响慢行系统的贯通性；地下停车场不影响地面交通系统，停车位较多，但是雨水无法下渗的问题更突出。

图4-53　南浦大桥桥下空间鸟瞰图

图4-54　停车场

6. 建筑物

城市河道绿地建筑物具体分为入水建筑、傍水建筑和周边建筑三种类型。

（1）入水建筑。黄浦江河道绿地中无入水建筑。

（2）傍水建筑。多为三、四层的轮渡码头、游艇会所和商业建筑，风格多样。商业业态以餐饮业为主，建筑形式以玻璃、木材框架结构为主（图4-55）；轮渡码头建筑形式采用统一的米黄色立面，具有公共设施统一的标识特性（图4-56）。

图4-55　商业建筑　　　　　　　　　　图4-56　轮渡码头建筑

（3）周边建筑。21世纪后城市空间布局转移，上海城市中心区域内绝大多数工业、仓储、码头企业都已经完成搬迁改造（图4-57）。周边各式高层和超高层建筑拔地而起，形成各种建筑风格共存的现状。其中陆家嘴金融区作为整个上海地区的视觉高点，其他建筑的高度以陆家嘴区域为中心向四周呈阶梯状降低。

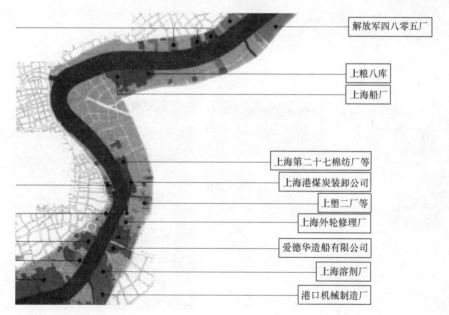

图4-57　黄浦江岸工业、仓储用地改造分析图（2008年止）

4.1.3　低影响开发设施应用条件分析

历史上的上海河道密布，一派江南水乡的景色，雨水的排放仍以参与自然循环为主。但是由于城市化建设的推进，城市用地面积不足以及用地功能的不合理规划，导致大量自然水系被填埋、消失，雨水资源开始通过地下雨水管网排除，并逐渐形成以"排"为主的城市雨洪管理方式。城市河道数量减少，调节雨水能力降低，造成了每当遇到暴雨，市区地面就会产生积水甚至内涝。黄浦江作为上海市最主要的水域，不可避免地肩负着城市防洪排涝的重责。

（1）绿色屋顶。目前黄浦江东岸绿地内建筑暂无绿色屋顶的应用。结合实际情况来看，这些绿地中的建筑体量较小，承载力不高，宜采用简单式绿色屋顶，种植重量较轻的低矮灌木或野花草坪，减少维护管理需求。

（2）透水铺装。主要包括以下两类。

1）调研区块内滨江步道大多由不透水花岗岩铺设，局部为能够下渗雨水的木质铺装；而人行游步道铺装景观品质较低，以石板汀步或混凝土浇筑为主（图4-58），无渗透性，因此易产生积水，而且与周围环境风格不匹配，并缺少标志性出入口。如采用多种形式的透水铺装，不仅可以丰富景观设计，还可以进一步促进雨洪参与自然水循环，提升滨江绿地的生态功能。

图4-58 绿地内的汀步

2）与水体平行的道路较狭窄，人车混行，机动车与非机动车停放杂乱；周边餐饮产业较多，环境卫生脏乱（图4-59），导致雨水径流中污染物较多，因此不适宜采用透水铺装。

（3）下沉式绿地和渗透塘（池）。黄浦江东岸绿地普遍采用堆坡式绿化带，分隔河

图4-59 周边机动车道

道景观和周边街区空间（图4-60），形成视线障碍，并且无适合建设下沉式绿地和渗透塘（池）的下洼地形，不利于雨水径流滞留和下渗。

（4）雨水花园。目前黄浦江东岸绿地无雨水花园。黄浦江流经区域地势低平，地质条件较差，易发生地面沉降。同时全球海平面上升，地下水位也逐年上升，由此造成较高的

地下水位，并限制雨水花园在上海市的推广，需要在其底部铺设防渗层，但防渗层不利于水文循环和地下水的补给，还需要增加建设费用。

（5）植草沟及旱溪。黄浦江东岸绿地无植草沟和旱溪，内外侧道路铺装都为不透水材料，地表径流无法得到有效的疏导。沿线设置植草沟和旱溪可以较快疏导汇水面产生的雨水径流，并初步净化污染物。

图4-60　植被堆坡

（6）渗管/渠。黄浦江东岸绿地无渗管/渠，并且场地用地紧张。渗管/渠占地较小，可应用于建筑、停车场周边，减少雨水径流量，尤其适合黄浦江东岸绿地带状空间。

（7）植被缓冲带。黄浦江东岸绿地几乎都是硬质化护岸，水质受污染情况比较严重（表4-2），唯有陆家嘴滨江绿地有些许河岸植被缓冲带与滨水栈道相互穿插。

表4-2　　　　　　　　　　　2015年黄浦江骨干河道水质历史对比表

月份	1	2	3	4	5	6	7	8	9	10	11	12
水质	Ⅳ类	Ⅳ类	Ⅳ类	Ⅳ类	Ⅳ类	Ⅴ类	Ⅳ类	Ⅳ类	Ⅳ类	Ⅳ类	Ⅴ类	Ⅳ类
溶解氧/(mg/L)	8.2	9.2	7	5.6	4.2	2	3.7	3.1	4.4	4	8.7	7.7
高锰酸盐/(mg/L)	4.5	5.2	4.8	5.7	6.1	5.7	4.6	4.5	4.2	5.2	4	3.8
氨氮/(mg/L)	1.15	1.08	1.49	1.26	0.66	1.12	0.75	0.32	0.49	0.2	0.27	0.83

数据来源：《2015上海市水资源公报》。

如遇汛期，滨江大道将被黄浦江水淹没，导致生活垃圾排入黄浦江中，进一步污染水质（图4-61）。

造成交通断点
影响行人出行

将垃圾带入水中
污染水质

造成交通断点
影响行人出行

图4-61　雨季河水淹没滨江道路造成的问题

（8）雨水湿地。目前黄浦江东岸绿地无雨水湿地。如将雨水湿地应用于黄浦江此类大流域尺度，可以有效调蓄雨水、保障水质和修复生态环境。黄浦江河道绿地靠近水体，土壤湿润，适宜设置雨水湿地，但需要保证航运、防洪等功能的正常发挥。

（9）多功能调蓄池。黄浦江东岸绿地内没有下沉空间，因此没有可以直接建设多功能调蓄池的场所。

（10）雨水蓄水池。黄浦江东岸绿地无雨水蓄水池，场地周边多住宅，用地紧张，可采用地下封闭式雨水蓄水池减小占地面积。

（11）雨水罐。黄浦江东岸绿地无雨水罐，而雨水罐容量较小，同样场地内建筑体量也较小，正适合设置雨水桶收集小规模的非饮用水。

综上所述，黄浦江东岸绿地内几乎没有低影响开发设施。当长时间降雨和暴雨过后会有雨水积存，影响游客旅游观景和城市居民生命财产安全。因此，场地内对低影响开发设施等存在现实需求，可以根据实际情况适当地逐步增加低影响开发设施的应用，有效提高黄浦江东岸绿地的景观品质，同时也不会带来大规模的财政压力。

4.1.4 小结

黄浦江是上海市最主要的河流，承担着城市的防洪排涝功能。由于上海市的城市化起步时间早，现代化建设程度深，导致黄浦江沿岸硬质化程度较高，对城市雨洪的调节能力逐渐下降。从实地调研情况来看，黄浦江沿岸目前的开发类型主要是滨江绿地，并且已取得一定成果，产生了数个受广大市民欢迎的滨江休闲场所。低影响开发设施的应用改造主要集中于在人行范围内逐步更换透水铺装、采用植草沟和旱溪设计、疏导地面径流、在河流沿岸设置植被缓冲带以及适当增加雨水湿地的应用等。

4.2 苏州河调研

4.2.1 背景与现状

苏州河原名吴淞江，是黄浦江最大的支流，起于上海市区北新泾，至外白渡桥东侧汇入黄浦江。流经上海 8 区 1 县共 53.1km，境内最宽 600～700m，市区最狭 40～50m，曲折多变。苏州河至今仍承载着城市航运、排涝等功能。与黄浦江相比，苏州河河道宽度日益缩小。

《马关条约》签订后，苏州河沿岸进入近代工业大规模发展时期，两岸工厂、码头林立，环境破坏严重。建造材料为坚固永久的钢筋混凝土，导致苏州河调蓄功能丧失，仅剩单一的航运、泄洪和排污功能。由于大量生活生产污水的排入，导致苏州河水质急剧恶化，直至今日仍在进行水体水质和生态环境恢复工程。

苏州河平均水位为 2.21m，最高潮位达 5.72m。上海地面沉降严重，同时苏州河水位却不断抬升，出于防洪安全考虑，两岸防汛墙高筑。本研究范围为苏州河南岸，外白渡桥至长寿路桥约 4.8km 的河道绿地。

（1）外白渡桥—河南路桥区段。该区段周边用地多为历史建筑遗迹，环境幽静，具有浓厚的文化价值（图 4-62）。

总体空间结构依次为水体、滨水步道、绿化带和城市道路。绿化带为缓坡形式，两侧向中间隆起，周围无花坛，空间封闭性强。植物以乡土植物为主，灌木呈规则带状，缺少

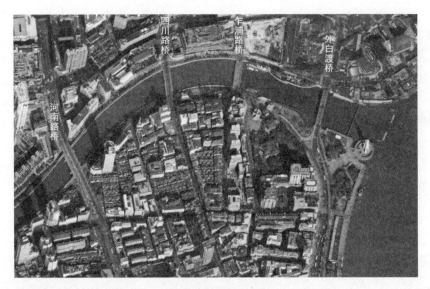

图 4-62　外白渡桥—河南路桥区段图

水生植物（图 4-63）。

　　地面铺装为红灰色花岗岩，以混凝土防汛墙为护栏，高约 1.2m，宽约 0.4m，外侧种植美人蕉等水生植物（图 4-64 和图 4-65）。

图 4-63　绿化带

图 4-64　沿河步道

　　文化元素主要为四座桥梁和历史建筑；仅有滨水步道为亲水设施，护栏高度高，亲水性差；桥梁两侧均有出入口，与城市道路无障碍衔接，其中外白渡桥至乍浦路桥区段无滨水步道，整体贯通性不佳。

　　（2）河南路桥—西藏路区段。该区段周边以石库门里弄建筑为主，结合北京路科技城建设（图 4-66）。

　　空间结构依次为水体、防汛墙、道路和建筑物。人行道地面铺装为浅灰色广场砖，景观品质低，路面管理差（图 4-67）。

图 4-65　水生植物

文化元素为石库门历史建筑；防汛墙整体高约 2m，亲水性极差（图 4-68）。沿岸整体贯通性较好，仅桥梁和道路交叉口为步行断点。

（3）西藏路桥—新闸桥区段。该区段周边建筑多为高层建筑，用地性质以商务办公和住宅区为主（图 4-69）。

空间结构依次为水体、1.2m 防汛墙、滨水步道和绿化带。绿化带以草坪为主，搭配规则带状灌木和小乔木，景观通透性好（图 4-70）。

图 4-66　河南路桥—西藏路区段图

图 4-67　道路清洁管理不足

图 4-68　混凝土防汛墙

地面为花岗岩铺装，渗透性差；护栏为 1.2m 高混凝土防汛墙；文化元素较少；仅滨水步道一种亲水设施，由于护栏高而缺乏亲水性；步行通达性强。

图 4-69 西藏路桥—新闸桥区段图

图 4-70 西藏路桥—新闸桥区段绿地空间结构图

（4）新闸桥—长寿路桥区段。该区段周边建筑密度高，以商务办公和老旧住宅区为主，主要有九子公园和蝴蝶湾绿地等两处大型公共休闲开放空间（图 4-71）。

空间结构依次为水体、2m 防汛墙、绿化带、车行道、人行道和建筑（图 4-72）。绿化带沿防汛墙分布，乔灌木层次丰富，有秩序感，无水生植物。

车行道地面为沥青铺装。护栏为高筑的防汛墙和绿化带，封闭性强，亲水性极差。道路贯通性较好，但无法接触到水体。

其中蝴蝶湾绿地，采用两级防汛墙设计，一级为下沉式亲水平台，种植鸢尾、水杉等水生植物，二级为永久性防汛墙，景观休闲品质较高，具有观景和亲水空间，自然环境良好（图 4-73）。

图 4-71 新闸桥—长寿路桥区段图

图 4-72 西藏路桥—新闸桥区段绿地空间结构图（除蝴蝶湾）

图 4-73 蝴蝶湾绿地空间局部

4.2.2 景观现状分析

（1）护岸。苏州河沿岸为防止城市内涝，沿线全程为硬质化堤岸处理，且防汛墙与水面高差大，基本隔绝人与水体的接触，亲水性差。

（2）绿地功能。苏州河沿岸绿地空间内由于面积限制，基本无商业或休闲建筑设施等，活动形式单一，以通行功能为主，散步为主要的休闲活动。且部分区段由于城市用地紧张，无绿地空间。

（3）道路与街区系统。主要包括以下两方面。

1）城市河道绿地慢行系统。就整体而言，苏州河慢行系统公共性强，沿岸绿地外侧全线设有人行道，绿地内除局部区域用地紧张，无滨水步道外，基本都设有滨水步道，通达性佳。

2）道路与河道的关系。与水体平行道路与河道直线距离较近，但被防汛墙和绿化带隔离，视线不通达，河道空间相对封闭；与水体垂直的道路，有桥梁连接的道路景观向水面延伸，与河道关系密切，无桥梁连接的则与河道关系疏离。

（4）跨越构筑物。苏州河上的桥梁众多，有外白渡桥、乍浦路桥、四川路桥、浙江路桥等，造型优美流畅，风格偏欧式，具有独特的历史背景和文化特色。但建设时间早，桥下空间不足，人车只能从地面通过；相反，乌镇路桥、新闸路桥、南北高架桥（图4-74）、恒丰路桥、普济路桥和长寿路桥，建设时间晚，引桥较长，桥体高度较高，车辆和行人能够从桥下通过，两侧还设有供行人和非机动车通行的台阶和斜坡通道（图4-75）。

图4-74 南北高架桥下停车场　　　　　图4-75 恒丰路桥人行台阶

（5）停车场。苏州河沿岸停车场数量较多，多数停车场直接设置在沿岸绿地外侧的马路上（图4-76）。

（6）建筑物。苏州河沿岸，外白渡桥至河南路桥区段，建筑物多为近代保留建筑，在体量、高度上同苏州河景观的尺度较适宜。河南路桥到长寿路桥区段沿岸建筑高低混杂，分布密集，部分高层建筑给苏州河沿岸空间带来压迫感。整体而言，研究范围内建筑功能以商业服务、商务办公和居住为主。

图4-76 乍浦路桥附近停车场

4.2.3 低影响开发设施应用条件分析

(1) 绿色屋顶。目前苏州河沿岸绿地无绿色屋顶，而且场地内建筑较少，仅在外白渡桥附近和蝴蝶湾绿地内有少量公共性质的小体量建筑物，适宜选择简单式绿色屋顶。

(2) 透水铺装。目前沿着苏州河的道路皆为不透水铺装，可在人流量较小的区域将其换成透水铺装，增加雨水径流下渗，减少路面积水现象。

(3) 下沉式绿地和渗透塘（池）。苏州河沿岸绿地无下沉式绿地和渗透塘（池），绿化带以两侧向中间堆坡形式为主。

(4) 雨水花园。苏州河沿岸绿地无雨水花园，场地空间狭窄，雨水花园平面形式宜为带状。同黄浦江沿岸一样，需注意地下水位高度，如低于地下水位需要在底部铺设防渗层。

(5) 植草沟和旱溪。苏州河沿岸绿地无植草沟和旱溪。沿岸不透水铺装范围大，场地呈带状空间，如果应用植草沟和旱溪，可以形成良好的景观环境，雨季、旱季景观效果丰富。

(6) 渗管/渠。目前苏州河沿岸绿地无渗管/渠，沿岸城市用地紧张，硬质铺装面积大，易引起内涝，渗管/渠配合应用于建筑、停车场等狭长地段快速排除沿岸雨水径流。

(7) 植被缓冲带。苏州河沿岸绿地渠化程度高，目前无植被缓冲带，并且河道水质污染严重。可以通过改变单一的防汛墙形式，恢复河岸植被缓冲带，修复生态环境，需要注意符合苏州河的防洪标准。

(8) 雨水湿地。苏州河沿岸绿地无雨水湿地，如增加雨水湿地可以涵养水源，滞留雨水径流。

(9) 多功能蓄水池。苏州河沿岸绿地无多功能蓄水池，场地内用地紧凑，以堆坡为主。

(10) 雨水蓄水池。目前调研范围内无雨水蓄水池，苏州河沿岸多商业、住宅小区且距离河道较近，用地紧张，宜采用地下雨水蓄水池储存雨水资源。

(11) 雨水罐。苏州河沿岸绿地无雨水罐，场地内用地紧凑，建筑体量小，适宜设计雨水罐收集清洁用水。

4.2.4 小结

调蓄功能丧失后，苏州河主要剩下航运、泄洪和排污功能，这加剧了苏州河水质的恶化，直至今日仍在进行水体水质和生态环境的修复。苏州河两岸历史建筑众多，建筑高度控制得当，使河道两岸景观空间品质保持了较高水平。由于用地紧凑，功能单调，调研区域内适用低影响开发技术设施的条件有限，主要适用范围有局部替换透水铺装、使用植草沟和旱溪设计、在停车场等狭长地段配备渗管/渠、恢复河岸植被缓冲带等。

4.3 京杭运河调研

4.3.1 背景与现状

京杭运河历史悠久，形成于隋朝，南起余杭（今杭州），北到涿郡（今北京），途经今浙江、江苏、山东、河北四省及天津、北京两市，贯通海河、黄河、淮河、长江、钱塘江五大水系，全长约 1797km。

京杭运河由北至南贯穿杭州城，河道平均宽度约 80m，平均水深为 2.31～4.77m。运河杭州段主要依靠天然水系补给水源，也是杭州市内水位最低的河道。杭州全年降水丰沛、均匀，杭嘉湖平原河网密集，得天独厚的自然环境使得该段运河凿通至今，航道仍很稳定。

本书范围为运河东岸，以运河文化广场和西湖文化广场为起讫点，由北至南依次分布拱宸桥、小河直街、大兜路历史街区，人文历史氛围浓厚。周边用地以居住区为主，沿岸基础绿化佳，运河文化广场和西湖文化广场为区级公共空间。

（1）拱宸桥—登云大桥区段。主要公共空间为运河文化广场，附近为现代高层住宅和运河上街商业体。

空间结构依次是水体、滨水步道、绿化带（广场或建筑）。运河文化广场内有水景、牌坊、浮雕等景观小品（图 4-77）；建筑为现代造型的博物馆和传统民居。滨水步道与游船码头相连。

地面铺装主要为青砖、瓦片立铺以及地面浮雕（图 4-78）；护栏为石条雕刻的形式；植物种类丰富，多为乡土植物，以及水杉、池杉等湿生木本植物。乔灌木层次丰富，搭配得当，整体植物设计风格偏自然式。

图 4-77 运河文化广场

图 4-78 地面浮雕

文化元素有牌坊、建筑和装饰纹样等，历史特色浓厚，体现当地文化气质；有滨水步道、码头和亲水平台等亲水设施；绿地内游步道基本贯通，行人通行便利，但是地面铺装不够平坦，不适合非机动车和轮椅通行。

（2）登云大桥—大关桥区段。本区段绿化面积较大，有青莎公园和紫荆公园两大绿化空间，内有北新关遗址。

空间结构整体分为上下两层，下层为滨水步道，上层为公园绿化。下层植被较少，沿线间隔种植高大湿生乔木；上层公园绿化丰富，层次分明，但缺少水生或湿生植物。

下层地面铺装为大块石材碎拼，上层铺装形式多样，有石材碎拼、花岗岩错缝等；护栏同上一区段。

文化元素有北新关遗址（图 4-79）等；沿岸亲水平台和滨水步道形成良好的亲水景观（图 4-80）；步行系统贯通两层堤岸，上层公园游步道铺装平整，道路宽敞，步行舒适度较高。

图4-79 北新关亲水广场　　　　　　　　　图4-80 沿河步道

（3）大关桥—潮王桥区段。该区段历史底蕴浓厚，周边用地为住宅区和商业区，胜利河与运河在此处交汇。

空间结构为水体、一级步道、绿化带（二级步道）（图4-81）；地面铺装、护栏形式和植被同上一区段。

文化元素有大兜路历史街区、香积寺（图4-82）、富义仓遗址公园等；滨水步道和下沉式栈道增强了该区段的亲水性；步行系统贯通性良好；一级步道部分区段有植物影响通行，舒适性较差。

图4-81 两级堤岸步道　　　　　　　　　图4-82 香积寺

（4）潮王桥—武林门码头区段。该区段南端为西湖文化广场，为大型活动广场，具有科普、文化、娱乐、演出、展览、休闲等功能，周边为高层住宅区和密集型住宅小区。

空间结构、植被情况同上一区段，广场内空间较丰富，有下沉空间、斜坡花坛等。

滨水步道地面铺装为石材凿面错缝铺装，广场铺装以花岗岩为主，形式丰富；护栏同上一区段。

文化元素以广场塔型建筑、装饰纹样为主；绿荫跌水平台、栈桥和滨水步道等营造出极佳的亲水环境；步道贯通沿河区域和西湖文化广场空间自然衔接，通达性良好。

4.3.2 景观现状分析

（1）护岸。运河是由人工开挖形成的，研究范围位于杭州主城区内，沿河全程贯通滨水步道，呈两级硬质堤岸（图4-83）。

（2）绿地功能。周边以居住区为主，活动人群以老人和小孩居多，绿地活动内容则以散步观景为主，缺少符合活动人群需求的活动。仅局部绿地内结合周边居民需要，设置健身、娱乐设施（图4-84），运河文化广场和西湖文化广场功能较丰富。

图4-83 二级护岸

图4-84 健身、娱乐设施

（3）道路与街区系统。主要包括以下两方面。

1）城市河道绿地慢行系统。就整体而言研究范围内畅通性良好，公共开放性强，沿岸设置高低两层步行道，其中一级步道，亲水性强，但通行障碍多；二级步道，铺装平坦，舒适度高，但亲水性弱（图4-85）。

2）道路与河道关系。与水体平行的道路远离河道，两者关系疏离；垂直于水体的道路缺乏向水面延伸的景观关系。

（4）跨越构筑物。运河上桥梁众多，其中拱宸桥、江涨桥、大关桥、老德胜桥为传统拱券形式，具有悠久的历史；登云大桥、德胜桥等新建桥梁为现代简约形式，桥下具有运河文化浮雕墙装饰（图4-86）。通过桥下亲水步道或桥体两侧上桥通道连接两侧步行关系。

图4-85 二级步道铺装

图4-86 桥下运河文化浮雕墙

（5）停车场。沿岸停车场较少，距离河道较远，其中大兜路历史街区两端机动车停放密集。

（6）建筑物。历史街区内建筑为传统江南风格；周边建筑风格现代简洁；其中运河文化广场和西湖文化广场建筑造型别致，地标性强。

4.3.3　低影响开发设施应用条件分析

（1）绿色屋顶。运河沿岸目前无绿色屋顶，由于场地内多为传统古建筑，房屋承载力低（图4-87），不适宜布置绿色屋顶。周边现代住宅区建筑可按荷载条件设置绿色屋顶，减缓屋面雨水径流流速。

图4-87　沿岸建筑

（2）透水铺装。沿岸人工化堤岸和市政道路，多为不透水铺装，容易积水，主要排水方式如富义仓绿地内利用铺装坡率汇水，从雨水口集中排放（图4-88）；或如大兜路历史街区雨水径流沿道路纵坡汇入雨水口或绿化带（图4-89）。其中部分地区游步道铺装为石材碎拼，透水性佳（图4-90）。可以在人流较稀疏的地区适当进行改造，将不透水铺装替换为透水铺装，减少地面雨水滞留。

图4-88　富义仓雨水径流示意图

（3）下沉式绿地和渗透塘（池）。运河沿岸绿化带植被丰富，疏密多变，但无下洼地形可用于建设下沉式绿地或渗透塘，造成雨水径流下渗时间不足，容易产生积水。

（4）雨水花园。运河沿岸无雨水花园，并且杭州地下水位较高，如需设置雨水花园，要付出较高的建设费用，铺设底部防渗层。

（5）植草沟及旱溪。目前运河沿岸无植草沟和旱溪，且沿岸铺装透水性差，如设置植草沟和旱溪可有力疏导雨水径流，在一定程度上净化污染物。

（6）渗管/渠。运河沿岸无渗管/渠，周边土地资源宝贵，传统建筑居多，渗管/渠不占据地面空间，能够快速下渗雨水径流，尤其适用于狭长地段排除多余雨水径流。

图 4－89　大兜路雨水径流示意图

图 4－90　青莎公园雨水径流示意图

（7）植被缓冲带。沿岸高度人工化，两级堤岸内陆生植物丰富能够形成较基础的植物缓冲带，仅需增加沿岸水生植物，减少水流对堤岸的冲击，以及截流和净化雨水径流。

（8）雨水湿地。运河沿岸无雨水湿地，鉴于运河河道为人工水系，河道水质较差，增加雨水湿地有利于改善水质、滞留雨水径流，缓解杭州地下水污染和保障运河水源。

（9）多功能调蓄池。运河沿岸无多功能调蓄池，但在运河文化广场和西湖文化广场都有下沉空间和水景，可在这两处建设多功能调蓄池。

（10）雨水蓄水池。运河沿岸无雨水蓄水池，场地周边多住宅小区和城市公园，其中紫荆公园内的池塘可作为地上雨水蓄水池，有效减少、储蓄雨水径流，保护周边城市居民生命财产安全；同时为缓解用地紧张，可建设地下雨水蓄水池，不占用地表空间。

（11）雨水罐。运河沿岸无雨水罐，仅有少数水缸用于种植莲花，但是沿岸历史街区传统建筑多，历史价值高，空间窄小，可以通过将雨水罐与景观小品设计结合的方式来储蓄、回收利用雨水资源。

4.3.4　小结

京杭大运河历史悠久，周边文化氛围浓厚，沿岸基础绿化环境好，具有一定生态性。

周边用地以居住区为主，并保留了一定的古建筑，总体建筑高度控制得当，河岸空间氛围良好。运河沿岸的步行系统连贯性强，沿河全程贯通滨水步道。由于区域内保留的传统建筑、传统铺装等文化特色浓厚，其雨水处理方式也有自身体系和特点，低影响开发设施应用应保留传统文化元素。渗管/渠不占据地面空间，不影响地面空间景观形态，可适当使用；河岸虽然人工化程度高，但植物基础丰富，仅需增加部分沿岸水生植物；现有的紫荆公园内的池塘可以作为雨水调蓄池，不占用更多地表空间。

4.4　钱塘江调研

4.4.1　背景与现状

钱塘江流域位于浙江省西部，是省内第一大河流，全长 600 多 km，具有防洪、航运、旅游等功能。自从杭州城市发展进入"钱塘江时代"，两岸高度重视自然环境和公共绿地建设。

钱塘江汛期水位常达 9.0m，100 年一遇高水位达 10.35m，超过大多数地段的塘顶高程。杭州市内由于新旧城区，道路与居住区等地面高程衔接不顺，产生大量低洼地带。本研究的范围是钱塘江北岸庆春东路至西兴大桥区段和南岸西兴大桥至江虹路区段（图 4-91）。

图 4-91　钱塘江流域研究范围总图

（1）北岸庆春东路至西兴大桥区段。该区段以"一主二副"城市阳台为主要空间，周边为高端金融商务办公楼（图4-92）。

图4-92 北岸庆春东路至西兴大桥区段图

主阳台为上下两层构筑物（图4-93），向江面出挑，通过下层若干支撑柱立于江面

图4-93 主阳台

上。下层沿岸为混凝土缓坡堤岸，靠近水体的一侧是自然裸露的沙滩；副阳台空间结构依次为水体、滨水步道、带状公园绿化（含3.5m自行车道），道路和建筑物。绿化带为缓坡形式，空间较封闭。植物以乡土植物为主，乔灌木层次丰富，缺乏水生植物。

主阳台铺装呈折线状，间隔铺设花岗岩、草皮和木条三种材料（图4-94）；副阳台滨水步道为灰色花岗岩，自行车道为绿色沥青。主阳台护栏为透明玻璃，副阳台护栏为混凝土防汛墙。

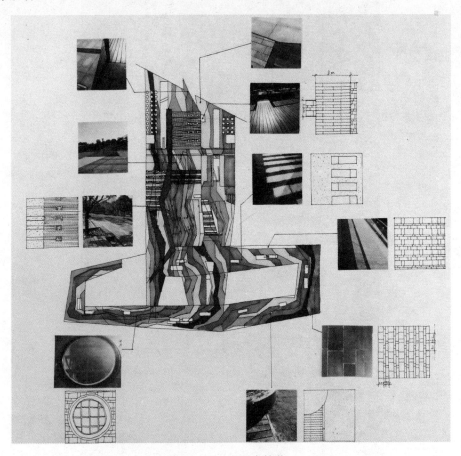

图4-94 主阳台铺装

文化元素有景观小品和主阳台雕塑公园等；亲水设施有主阳台、滨水步道和地面采光圆孔（图4-95），亲水性较好；人行步道整体贯通与周边地块无障碍衔接，车行空间从涵洞下穿，与水体关系疏离（图4-96）。

（2）钱塘江南岸西兴大桥至江虹路区段。该区段周边以现代高层住宅和商业办公为主，人口较多，公共活动范围主要为钱塘江河道绿地，分为滨江跑道和沿江景观带两部分（图4-97）。

滨江跑道空间结构依次为水体、江堤、机动车道、绿化带、慢跑道和骑行道（图4-98）、绿化带和城市道路，绿化带为下凹地形，杉树为主要乔木。沿江景观带依次为水体、江堤、滨水步道、广场（或建筑）。

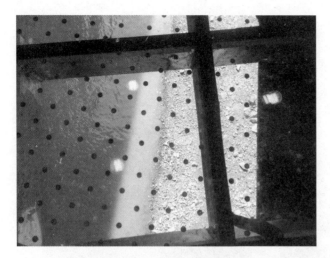

图 4-95 地面采光圆孔

图 4-96 涵洞

图 4-97 钱塘江南岸西兴大桥至江虹路区段图

滨江跑道地面依次为黑色、红色和蓝色沥青铺装，周边游步道为型材架空形式；沿江景观带以灰色花岗岩铺装为主。护栏统一为混凝土防汛墙。植物种类以乡土植物为主，种植密集高，封闭感强。

文化元素为滨江跑道和钱王射潮主题雕塑等；由于亲水形式单一，与水体高差大，导致亲水性较差；步行全程贯通，周边有公共自行车租赁点和地铁站，通达性和到达性佳。

4.4.2　景观现状分析

（1）护岸。钱塘江潮水汹涌，为保护人们的生命财产安全，杭州主城区护岸为坚固的混凝土防汛墙（图 4-99），高度约 1.5m。

图 4-98　滨江跑道空间分析图

图 4-99　防汛墙

（2）绿地功能。钱塘江两岸绿地功能丰富，空间形式多样，具有观景、休闲散步、商业消费、运动健身等功能。

（3）道路与街区系统。主要包括以下两方面。

1）城市河道绿地慢行系统。两岸绿地内滨水道路畅通，游步道与周边地块无障碍衔接。

2）道路与河道关系。北岸平行水体的机动车道与钱塘江关系疏离，尤其是之江路下穿段；南岸滨江跑道区段机动车道紧靠江堤，与水体关系紧密（图 4-100）。两岸垂直水体的道路与河道关系疏离。

（a）北岸　　　　　　　　　　　　　　　　　　　　（b）南岸

图 4-100　两岸道路系统

（4）跨越构筑物。西兴大桥为现代造型，两端建有非机动车上桥引桥，方便行人和非机动车上桥，为人们提供纵向观景点。桥下空间宽阔，跨越之江路、闻涛路和沿江绿化空间，充分发挥空间的共享性（图 4-101）。

（5）停车场。北岸停车场位于地下空间，面积大，停车位数量较多；南岸停车场则位于绿地外侧道路，供应量和需求量均不及北岸。

（6）建筑物。绿地周边建筑以现代设计风格为主，多为框架搭配玻璃幕墙肌理；绿地内建筑物较少，基本是用于为游客提供休息服务，管理服务用房则位于地下，不占用地面空间。

4.4.3 低影响开发设施应用条件分析

（1）绿色屋顶。钱塘江沿岸绿地无绿色屋顶，并且场地内建筑数量少、体量小，适宜简单式绿色屋顶；周边建筑楼层高，体量大，在承载力范围内可布置花园式绿色屋顶。

（2）透水铺装。钱塘江沿岸大面积为不透水铺装（图4-102），主要通过市政雨水管网排水。北岸地下空间开发力度大，即使应用透水铺装也难以自然下渗雨水；南岸设有雨水泵站，能快速排除积水。其中滨江跑道日常承重小，较适宜铺设透水铺装（图4-103）。

图4-101 西兴大桥桥下空间

图4-102 北岸铺装

（3）下沉式绿地和渗透塘（池）。目前钱塘江沿岸无下沉式绿地和渗透塘（池），其中北岸城市阳台绿化带为堆坡形式；相较而言南岸地形下洼，为乔木林带，绿化范围较大，渗水性能好，更适合设置下沉式绿地。

（4）雨水花园。钱塘江沿岸无雨水花园，并且建设条件与上海地区类似，地势低平，地质条件较差，易发生地面沉降。同时全球海平面上升，地下水位也逐年上升，由此造成较高的地下水位，限制了雨水花园的应用。如果建设雨水花园，需要在其底部铺设防渗层，但防渗层不利于水文循环和地下水的补给，以及需要增加建设费用。

（5）植草沟及旱溪。钱塘江两岸地面铺装都是不透

图4-103 南岸铺装

水铺装材料，主要通过传统管道排水。其中南岸已有植草沟设计（图4-104）。

（6）渗管/渠。钱塘江两岸土地资源宝贵，渗管/渠占地面积小，可以和传统排水设施衔接，输送绿色屋顶、停车场等场地多余的雨水径流。其中南岸绿地中已经设有渗渠（图4-105）。

（7）植被缓冲带。钱塘江沿岸目前无植被缓冲带。而其中北岸的用地紧张，建设空间不足，较难设立植被缓冲带；南岸则由于规划时间较晚，有充足的空间和合适的地形（图4-106），植被缓冲带的应用潜力较强。

图4-104　植草沟　　　　　图4-105　渗管/渠　　　　　图4-106　植被缓冲带

（8）雨水湿地。钱塘江沿岸无雨水湿地，并且由于防汛要求和人工硬质化程度高，较难实现雨水湿地的设计。

（9）多功能蓄水池。目前钱塘江沿岸无多功能蓄水池，北岸主阳台处下沉空间丰富，可考虑改建。

（10）雨水蓄水池。钱塘江沿岸无雨水蓄水池，考虑到土地利用率，可建设地下封闭式雨水蓄水池。

（11）雨水罐。钱塘江沿岸因绿地内建筑较少，目前无雨水罐设计。

4.4.4　小结

杭州市内由于城市建设过程中存在的问题，导致大量低洼地带产生，遇强降雨、台风等气候易产生内涝。钱塘江沿岸硬质化程度高，滨水步道及堤岸与水面高差大，亲水性较差。沿江的步行、车行系统贯通，通达性佳。低影响开发设施的应用在不同场地差别较大。北岸地下空间开发程度高，不适用下渗型低影响开发设施；南岸地形比北岸更低洼，绿化范围大，更适合下沉式绿地，滨江跑道可以使用透水铺装。南岸目前已有植草沟、渗渠等低影响开发设施，并且由于规划较晚，有充分的空间和地形建设植被缓冲带。北岸开发程度高，用地紧张，对低影响开发设施的应用限制较大。

4.5　调研结果综合对比

根据调研资料，从雨水资源利用措施、自然景观、人工景观和心理感知四个方面对黄浦江、苏州河、京杭运河和钱塘江四条代表性的河道绿地景观进行对比，归类目前城市河道现存的问题（表4-3）。

表4-3　　　　　　　　　　　　　　调研现状综合对比表

		黄浦江	苏州河	京杭运河	钱塘江
雨水资源利用措施	收集方式	主要为雨水口			
	净化方式	雨污分流制，由污水厂统一处理			
	排放方式	小部分进入河道或绿化带，大部分通过市政管道排放	基本依靠市政管道排放	大部分直接排入自然河道	经雨水泵站处理排入河道；局部采用植草沟生态净化
	评价	雨水处理方式单一，雨水资源利用率较低			
自然景观	绿化带宽度	50～200m	0～100m	50～100m	50～120m
	植被结构	乔-灌-草复合结构			
	植被分布的连续性	连续和半连续	连续和半连续状态；局部为零散和无植被	以连续为主；局部为半连续	连续和半连续
	水生植物	局部少量芦苇	局部少量美人蕉	较多湿生乔木	无
	河道形态	顺直	顺直，局部蜿蜒曲折	顺直	顺直
	畅通性	较差	较好	良好	良好
	自然河岸	无	无	无	无
人工景观	路网密度	细密，城市肌理均匀			
	路网形态	形态较规则			
	建筑特色	现代高层商业、住宅	旧式弄堂、现代高层建筑混杂	传统民居建筑、低矮居民楼和现代高层住宅楼	现代高层商业、住宅
	建筑高度	较高	普遍较高	普遍较高	较高
	建筑密度	较密集	密集	密集	较密集
	用地性质	居住区、商务办公、商住用地			
	公共性	公共性较差，私人或公共设施占用区域较多	公共性较好，少量区域被住宅区占用，但允许公众步行通过	公共性好，被占用区域，目前已全线开放，公众可自由进入	公共性好，完全对公众开放，可自由达到江边
	连续性	生态连续性差，道路及空间连续性差	生态连续性差，道路及空间连续性较好	生态、道路及空间连续性好	生态连续性较好，道路及空间连续性好
	植被情况	沿岸植被丰富，缺少水生植物	沿岸植被丰富，缺少水生植物，局部无植被	植被丰富，生态环境优美	植被丰富，无水生植物
	可达性	较好	一般	较好	好
	亲水性	较好，与水体距离近，局部亲水形式多样	较差，与水体高差较大	好，与水体距离近，亲水形式多样	较差，与水体高差较大
	活动内容	较多样，游憩空间和滨水步道并存	较单一，以单纯通道功能为主	较多样，具有历史文化街区	丰富，活动空间与地标性景观结合

续表

		黄浦江	苏州河	京杭运河	钱塘江
心理感知	空间舒适度感知	用地开阔,建筑和机动车道与水体距离较远,河道绿地空间较宽敞;岸线硬质化程度高	用地紧凑,建筑、机动车道贴近水体,绿地空间狭窄,感官压抑	用地较紧凑,建筑和机动车道与水体距离近,河道绿地空间较小,但岸线变化丰富	用地开阔,建筑和机动车道距离水体较远,河道绿地空间较大
	景观视觉感知	视野较封闭,沿线绿化带形成视觉屏障	视野较封闭,沿线绿化带和防汛墙形成视觉屏障	视野较封闭,沿线绿化带和分级防汛墙形成视觉屏障	视野较开阔,观景廊道通透
	城市文脉感知	近代工业厂房、仓库和码头云集,留有民族工业痕迹	沿岸优秀历史建筑和工业遗址密集	两岸保留多个历史街区	见证城市发展,两岸现代化建筑林立

4.5.1 雨水资源利用措施方面

目前,城市河道绿地现状建设中缺少雨水资源的收集和处理设施。然而雨水是城市水资源的重要来源,同时城市河道作为雨水资源循环的最后环节,承担雨水资源调蓄的作用,补给城市河道水系。目前城市河道绿地中雨水处理方式单一,主要为通过传统管道排放或直接排入水系两种方式。并且现有市政排水设计标准较低,无法应对大规模和长时间的降雨;局部雨水直接排入城市河道的过程中缺少雨水滞留净化环节,造成雨水资源浪费以及污染河道水质。

保留现状河流、绿地、树林,增加湿地、公园等弹性雨水滞留空间,整合城市河道绿地内雨水资源,有利于建设清洁健康的生态河流环境。将低影响开发设施和城市河道绿地景观结合,能够提高城市河道雨水调蓄能力,减少城市内涝的形成,保护居民人身财产安全;还能够通过净化过滤设施处理径流污染物,最终减轻水体污染,保护生态环境。

4.5.2 自然景观方面

目前城市河道绿地普遍为人工硬质化河岸,水生态环境破坏严重,亟待进行生态修复。虽然城市河道绿地治理工程持续至今,在环境修复方面已有一定的成效,但是距离理想状态还较远。建设生态驳岸是目前修复河道生态环境最直接可靠的手段,可以通过恢复河道自然形态,塑造不同的河床地质结构,如沙洲、浅滩等,形成丰富的水生生态系统。

同时城市河道绿地植被种类丰富,但是普遍缺少水生植物和有净化功能的植物。考虑到经济效益,在现有绿化带和河道边缘以陆生植物为主,补植水生植物,营造水域空间特色。

4.5.3 人工景观方面

城市河道绿地周边建筑以现代商业办公和居住区为主,建筑高度普遍较高,密度较大,与水体距离近,对河道绿地空间形成压迫感。

通过调整建筑平面布局和控制建筑高度两个方面，缓解城市河道绿地空间压抑感。基于平面布局方面，划定建筑邻水距离界限；控制建筑间距，降低建筑密度，调整建筑前后进退关系，退让出水景空间以及塑造出城市空间层次感。建筑高度方面，严格遵循城市天际线总体规划，同时注重行人的视觉感受，从水体向两侧递增建筑高度，形成前低后高的空间结构，并且谨慎制定地标性建筑高度，以免破坏整体空间。

城市河道绿地公共性、连续性、可达性以及亲水性目前都存在缺陷，可通过建设慢行桥、土地功能置换等方式改变现状，保持城市河道绿地活力。沿岸增加慢行交通服务站点，推广慢行系统，提高连续性；延伸垂直水体的道路景观，形成标识性出入口，提高公共性；打开封闭的绿化带，联系沿岸道路空间和水体关系，提高可达性。目前城市河道绿地内的活动内容单一，通过增加水上和陆上娱乐活动种类和互动形式，提高亲水性。

4.5.4 心理感知方面

由于城市用地紧张，城市河道绿地空间较紧凑，而且沿岸绿化带繁茂影响了景观视觉感受和空间舒适度。人行通道与河道之间的视线通达性也需要纳入考虑，避免形成封闭的河道空间，削弱与城市的关系。依靠重新梳理建筑和绿化带密度，打开景观视线通道，缓解空间封闭感。

历史传承是城市河道绿地主要功能之一，但是目前场地中历史文脉感知较弱，黄浦江和苏州河沿岸仅剩少量的历史建筑和工业遗址还能凸显地域特色。造成这样现状的原因，主要是由于现代城市建设标准相近，开发手段单一，空间环境趋于同质化。

构建地域特色景观，不仅要保护场地的历史建筑及其他构件，还要提炼历史文化和城市特色符号，借助景观铺装、声光设施、景观小品、植物种类等载体，丰富人们的心理感知，传递城市非物质文化，延续历史文脉。

4.5.5 社会影响方面

目前城市河道绿地相关法律法规不够健全，主要以城市防洪安全为目的，执行力度为行政建议程度，实行效果较差。需要通过法律法规、公众参与、政府机构三个层面的力量，至上而下地扩大城市河道绿地的社会影响力。

首先健全相关法律法规，制定具有明确奖惩机制的条例，出台从宏观到微观的技术指导以及维护管理具体规范，加大政策的执行力度；其次建立以社区单元为基层的宣传网络以及学校教育，提高公众参与的积极性，行使管理监管的权利；最后协调政府机构，增加监管力度，建立区域协作组织和基金会，保障资金的专款专用和项目的经济收益，规划管理范围以及明确考核标准，制定相关工程验收和养护质量保障机制。

4.6 本章小结

本章对黄浦江、苏州河、京杭大运河以及钱塘江的河道绿地现状进行了实地调研，采用拍照记录、测量等方式，总结、对比各个场地现状，并分析不同低影响开发设施在具体场地的应用条件，为今后的区域场地更新提供设计参考。

调研主要从雨水资源利用措施、自然景观、人工景观及心理感知等几个大方面入手，具体分析对比了四个调研区域的雨水收集、净化、排放方式；绿化带宽度、植被结构、植被连续性、河道形态等；以及路网状况、建筑密度高度、用地性质等信息；还有河道空间的可达性、亲水性、舒适度、视觉感知和城市历史文化等内容。

根据调研，黄浦江、苏州河、京杭运河以及钱塘江的河道绿地现状基本情况相近，即雨水的排放基本依靠市政管道或直接排入自然水体，资源转化及利用率较低；自然景观较分散，破碎程度高；河道形态人工化、硬质化程度高，缺乏自然河岸；沿岸历史建筑与现代建筑混杂，人文历史性尚可；在城市空间营造方面还有提升空间。可以通过保留现状河流、绿地，增加城市内弹性雨水滞流空间、更新替换原有河道绿地植物种类、加强河道周边建筑规划控制、重新梳理河道周边景观、保留更多历史文化特质和随时代发展的步伐而调整更新河道绿地保护的相关法律法规等措施，借助法律、公众、政府三个层面的力量，从生态、经济、人文历史等各个方面，综合提升城市河道绿地品质。

目前，城市河道绿地建设现状总体上仍处在发展阶段。经历了盲目开发、先污染后治理等过程后，雨水的资源化利用日益受到重视，城市河道绿地治理工程也在逐渐进行，河道生态环境的修复已取得一定的成效。城市河道绿地的治理与建设正向更加生态化、人性化的管理理念转变。

第五章

设计实践——以黄浦江东岸绿地概念设计为例

5.1 项目背景

5.1.1 上海市背景

（1）地理位置。上海位于华东地区，地处东经 120°、北纬 30°之间，属黄浦江与长江入海口汇合处，东临东海，南临杭州湾，北、西与浙江、江苏两省毗邻，总面积达 6340.5km²。

（2）气候环境。上海地处亚热带季风气候带，是最适合人类宜居的地带之一，雨热同期，阳光充足，降雨量充沛，春秋季短，冬夏季长，年平均气温为 13～20℃，年降水量大于 1000mm，全年大于 60%的降水量集中在 5—9 月，气候温暖湿润。

（3）水资源。市内河道长度约 20000km，河网密布，降雨量大，水资源丰沛。

上海的陆域水系属于太湖流域，黄浦江承泄太湖流水，上海市内河道总长近两万公里，水网密布，降雨量大，水资源丰沛。降水是地表径流的唯一来源，同时也是地下水的重要补给源。

（4）地形地貌。上海处于长江三角洲前缘，是长江三角洲冲积平原的一部分，地势平坦，拥有广袤腹地，平均海拔仅为 4m。地势总趋势由东向西低微倾斜，天马山高近百米，为市区陆上最高点。

5.1.2 设计范围背景

（1）上位规划。依据上海市水务规划设计研究院制定的《上海市景观水系规划》，总体布局为"一纵、一横、四环、五廊、六湖"，其中"一纵"指黄浦江，是上海市内的黄金轴线。上海在 2016 年公布的"十三五"重点工作之一就是"黄浦江滨江公共空间贯通10 公里"，此即为本项目的设计背景。

（2）低影响开发建设背景。上海已经进入城市转型升级阶段，黄浦江东岸作为上海的金融中心，具有提升城市品质、改善城市环境和发展文化创意产业等多项建设目标。根据上海市海绵城市专项规划，本项目属于低影响开发区，城市建设程度高。

（3）黄浦江水文背景。作为上海市的标志性河道，黄浦江流域跨 11 个行政区，总长近 113km，河宽 300～770m，发源于上海市青浦区朱家角镇的淀峰淀山湖，淀山湖由于蓄纳了上游太湖流域的众多来水，是太湖流域的泄洪通道。5—10 月为汛期，12 月至次年 2 月为枯水期，根据 2018 年上海水资源公报，最高潮位达 4.96m，超过警戒水位 0.51m。

（4）高程分析。设计范围内沿江堤岸平均高程为 4.5m，内侧绿化堆坡带或防汛墙以 1000 年一遇洪水位为设计标准，平均高程达 7.00m，绿地外侧道路及城市空间高程 3.00～4.00m（图 5-1）。设计范围内的雨水径流方向为由中间的植被绿化带堆坡向两侧的城市道路汇流，基于场地中间高两侧低的基本情况规划低影响开发设施的布局结构。

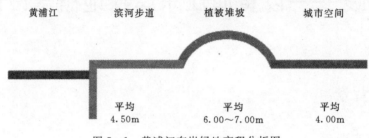

图 5-1　黄浦江东岸绿地高程分析图

5.1.3　项目现状分析

黄浦江作为上海市的主干河流，横穿整个城市，将上海分割成东西两个区块。为上海提供主要的生活、生产用水，具有航运、排洪、旅游、交通等功能。对外通商口岸后，黄浦江东岸码头、仓库、工厂迅速发展，成为城市生产和交通的核心。第二产业发展期间造成了严重的水质污染。改革开放后，人们开始重视自然景观资源，开发模式向生态治理转变。

（1）东方路至浦东南路区段的上海船厂滨江绿地，空间结构前低后高，绿化带为斜坡形式，进入绿地的入口较多，无明显主入口，通过台阶、坡道消化高差，步道铺装为不透水硬质铺装，植被以常见的本土植物为主，乔灌木层次丰富，缺少水生植物，较为封闭，整体生态环境系统结构单一。

文化元素体现较多，也设有观景台、滨江步道和休闲廊架等亲水设施，但步行系统贯通性较差，渡口广场为步行断点，与步行交通方向冲突。

（2）浦东南路至东昌路区段该区段为小陆家嘴滨江绿地，周边建筑多为现代化商业建筑。空间形式变化丰富，用地复杂，以东方明珠游船码头为节点分东西两段分析。东段，空间结构和同东方路至浦东南路区段，绿化带为花坛包围形式或无花坛形式。内有若干小型商业建筑，外立面为现代的璃幕墙，外设露天座椅。滨江步道铺装有红色广场砖、混凝土压膜地坪和板岩碎拼三种形式，护栏分别为黑色金属栏杆、防汛墙结合白色金属栏杆和黑色金属栏杆结合花坛三种形式，由于维护不当，花坛内植物枯萎，护栏漆面脱落。植物同东方路至浦东南路区段，生态环境单一，部分绿化空间被商业建筑占据，只有低矮的灌木带和草皮覆盖。

西段是小陆家嘴滨江大道段最精彩的区段，三层台地空间，集防汛墙、滨江大道、观景平台、轮渡码头和地下停车场于一体，适应不同水位情况，兼顾防汛功能。绿化带由高约 50cm 的砖红色花岗岩贴面花坛包围。

滨江步道铺装为砖红色花岗岩、黑色金属、木质或混凝土材料等，具有浓厚的工业气息，其中游步道铺装杂乱。护栏为砖红色防汛墙、金属栏杆和景观灯结合形式或黑色金属栏杆形式、无护栏形式。植物以草坪结合模纹灌木带为主，有少量水生植物，河滩环境脏乱。

文化元素有码头、工业材料、芦苇等；不同高度的滨江步道和观景平台提供绝佳的亲水感官；步行系统贯通性较差，富都停车场、中森会、滨江壹号、海龙海鲜坊、外滩游艇会等形成大范围步行断点。如遇暴雨，部分亲水步道形成断点。

（3）东昌路至张杨路区段为东昌路滨江绿地，周边用地多为商业和住宅区。岸线平直，空间结构和同东方路至浦东南路区段。绿化带为缓坡，呈两侧向中间堆坡的形式。滨江步道铺装为木平台和灰色大理石波浪形组合，护栏为灰色金属栏杆，植物以大草坪为主，中间为乔灌木组合形式，形成较封闭的滨水空间。

文化元素、亲水设施形式单调；断点主要位于区段两端，部分场地区间步行系统贯通较好，但出入口不明显。

（4）张杨路至塘桥新路区段为老白渡滨江绿地，原为工业用地。空间结构前低后高，绿化带为平地无花坛形式，局部有木质材料结合混凝土花坛，延续工业风格。滨江步道地面为木质或花岗岩铺装，植物以丰富的乡土植物为主，四季景色分明，少水生植物。文化元素丰富，亲水设施为滨江步道，其中长运码头处，游船密集亲水性极差。步行系统贯通性较好，断点较少，较多出入口和明显的主入口。

（5）塘桥新路至南浦大桥区段。该区段北段船坞为施工状态，完全封闭；南段为上海体育公园。空间结构从水体向内依次为高桩码头、建筑、公园绿化和城市道路。

高桩码头地面为混凝土，保留工业轨道，护栏为蓝色金属材质，外侧种植云南黄馨，公园内侧绿化以开阔的草坪为主。

文化元素有高桩码头和红砖古典风格建筑；亲水设施仅有高桩码头；北段封闭性施工，南段上海体育公园带有私人俱乐部性质，通达性较差。

优势：黄浦江水资源丰富，两岸城市化发展建设快城市发展程度高，与公众联系密切，交通发达，滨江步道和绿化基本全线覆盖，城市居民散步、观景等基本活动拥有充足的空间，有利于开发城市河道绿地的水上产业。

劣势：研究范围内河岸较多为硬质驳岸，缺乏水生和耐水淹植物，自然生态景观和亲水性较差；其次河道绿地内慢行系统不完善，多处用地被私人建筑或公共服务占据，形成步行断点，并且局部机动车道与河道距离过近，压缩人行空间，易引发交通事故。

机遇："黄浦江滨江公共空间贯通 10 公里"这一项目为上海市政府工作的重中之重，必能大力推进江东岸河道绿地空间的连贯畅通，塑造连续不断点的城市绿地系统，有利于城市文化复兴和工业遗产保存。

挑战：场地内慢行道断点多，要贯通沿线慢行系统难度高；沿岸硬质化范围大，与水面高差大，防汛安全和亲水要求难以协调；城市建设程度高，在景观中融入低影响开发的设计难度大。

5.2　设计目标和理念

5.2.1　设计目标

（1）普及低影响开发设施。对城市雨水资源进行整合，利用低影响的技术进行开发，通过对雨水资源的下渗、储存、调节、净化各环节的把控，很好地减缓雨水径流量、缩减径流峰值以及减少水资源径流污染，对地下水进行补给。通过低影响开发设施比选评价，选择最适合城市河道景观的单体设施或组合设施，构建城市河道绿地自然积存、自然渗透、自然净化的良好水生态环境循环系统，无意识地传播低影响开发理念，发挥科教宣传示范作用，对公众开展生动的户外教育，推进地区的社会效益、经济效益与生态效益协调平衡发展。

（2）延续地域历史文脉。首先丰富城市河道绿地功能，拓展丰富空间结构和活动产业类型，完善贯通城市河道绿地慢行系统；使城市空间和城市河道绿地景观连接为有机的整体，增强其互动性；增加城市河道水环境的吸引力。其次挖掘场地文脉特征，重塑地域文化景观，依托具象或抽象的景观小品传承历史文化，彰显地域特色和城市形象，形成具有文化归属感和认同感的城市河道绿地景观。

（3）塑造清净活力生态河道。为打造充满活力的清澈洁净的自然生态河道，充分发挥河道的生态功能和景观功能，尽量在保护现有坡地花坛、景观植被的前提下，对河道两岸的空间进行再设计。设计结合低影响开发实施，对雨水资源进行收集、净化、利用，来于自然，回归自然，减少植被人工浇灌费水、费时等导致的成本，减少能耗，贯彻低影响开发理念，还给市民一个干净活力的生态河道。在植物配置方面，引入多品种的水生类和湿生类植物，吸引微生物和昆虫等动物栖息和繁衍，营造一个自然和谐的生态湿地景观。

（4）营建推动两岸发展的景观之河。在保证防洪泄涝安全的前提下，黄浦江在设计中采用绿化缓坡入水的方式，一方面满足了人们亲水、近水的需求，另一方面较大可能地维持了黄浦江河道本身的形态，设计中在河道两岸护坡上种植多种本土植物，形成具有丰富层次感的景观绿化带。黄浦江两岸的景观设计，依据整体规划的指导思想，并与低影响开发设施紧密结合设计，使黄浦江两岸景观促进带动周边的发展，提升城市文化形象。景观设计中根据区段原有基本情况和所处地理空间位置合理设计各类生活休闲活动空间，以满足周边居民以及来往游客的需求，动静结合，分区明确。整个设计因地制宜、以人为本，旨在贯彻落实低影响开发原则的同时，促进人际交往，赋予河道景观亲民的艺术感召力，通过改造河道景观，体现出黄浦江两岸河道景观的文化内涵。

5.2.2　设计理念

本项目的设计理念是基于低影响开发理念的城市河道绿地景观策略和黄浦江城市河道绿地现状调研分析这两个方面而提出的。旨在保留和优化现状景观，针对其中有设计缺陷的区域进行更新再设计，并从其他调研案例中提取值得借鉴的地方。

　　城市河道绿地作为城市和城市河道的纽带，联结了关系疏远的两者。因此以"溶解"为设计理念，将城市溶解至自然之中，具体通过城市文化、居民活动、人工痕迹、心灵壁垒四个方面向自然溶解，形成人与自然协同发展的城市河道绿地。

　　保留黄浦江东岸绿地内的历史建筑和工业遗产，利用钢铁、水泥、红砖、芦苇和滩涂等地域符号隐喻场地文化，结合地景构筑物、声光装置等现代设计，使城市文化和自然景观相结合，形成富有人文气质、兼具科普教育功能的城市河道绿地景观（图5-2）；丰富黄浦江东岸绿地的公共空间，增加演绎、展览、室外运动场以及水上运动等活动内容，将城市居民活动向室外拓展（图5-3）；结合低影响开发措施，令城市空间对河道绿地空间做出让步，保留雨水湿地、植被缓冲带等设施的建设空间，减少人工工程的痕迹，减缓城市的雨洪矛盾（图5-4）；通过将城市河道绿地中的雨水径流过程可视化、可触化设计，在公众心中树立珍惜雨水资源的价值观念，使公众重新认识雨水资源，亲近城市河道，打破城市居民与自然之间的心灵壁垒（图5-5）。

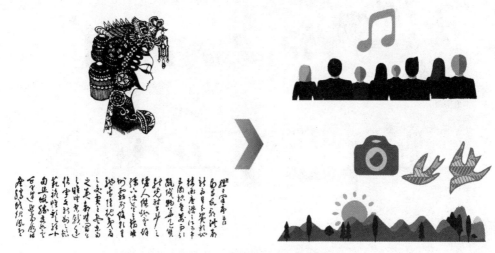

图5-2　文化底蕴向自然溶解

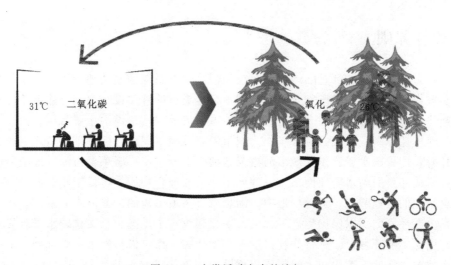

图5-3　人类活动向自然溶解

图 5 - 4 人工痕迹向自然溶解

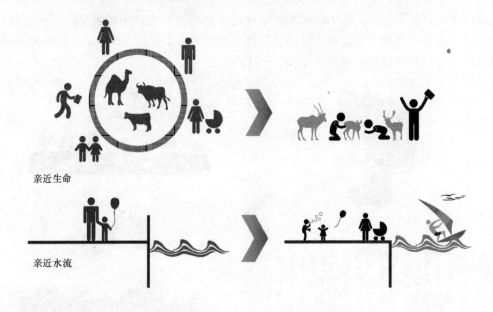

亲近生命

亲近水流

图 5 - 5 心灵壁垒向自然溶解

5.3 设计原则

（1）安全性原则。防洪是陆地生态系统和河流生态系统的交错地带所应具备的特殊功能，保护城市居民生命和财产安全是城市河道绿地更新的首要设计原则，能够适应全球气候变化趋势，应对水位逐年上升的情况是目前城市河道绿地建设的主要目标。

（2）整体性原则。将低影响开发作为城市河道绿地景观设计的基础环节之一，在前期规划设计时，即将雨水资源作为城市河道绿地的一部分看待。联系城市河道绿地与城市自然水体，形成完整的雨水循环网络，发挥城市河道的综合功能。将低影响开发设施融入到城市河道绿地的景观节点、活动场地中，满足城市河道绿地的功能需求和雨洪管理需求。

（3）生态性原则。以保护生态为原则，恢复和改善水生态、水文化、水景观等方面的功能，利用低影响开发设施进行修复自然雨水循环的工作，以自然水文为基础，依据场地自然排水情况，降低人工化和土地硬质化程度，注重保护自然排水路径和自然水体形态，适应城市河道的生态性、自然性、观赏性、亲水性的要求，营造健康绿色、环保生态的水环境，使得人与自然和谐相处。

（4）科学性原则。根据第三章内容及《海绵城市建设技术指南》《上海市海绵城市专项规划》和其他相关规范指南进行科学设计，提高雨水利用效益。遵循因地制宜、实现亲水、达到景观共享效果的原则。

（5）地域性原则。在挖掘黄浦江地域文化的前提下，在设计中融入当地特色的文化元素，突出当地的文化内涵。同时，要使设计有自己的特色，与已建成的外地项目或者本地的其他项目有明显的区别，给人别具一格、耳目一新的感受。这样有利于展现黄浦江流域的区域特色，对当地居民和外来游客有很强的带动力、凝聚力和旅游吸引力。

5.4 整体设计

根据城市河道绿地周边用地情况、基地现状条件、黄浦江东岸开放空间公共问卷调查报告（图5-6）以及用地分析（图5-7），将设计范围分为四个功能区段（图5-8），分别是上海船厂区段、小陆家嘴区段、老白渡煤仓区段和南浦大桥区段，通过丰富区域主题实现城市向自然溶解的设计理念。

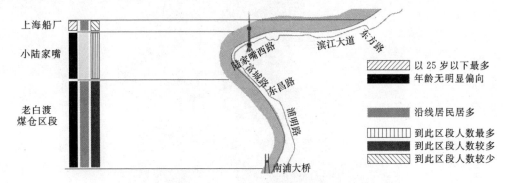

图5-6　使用者年龄地域构成

5.4.1 文化创意区

上海船厂区段为东方路（其昌路渡口）至浦东南路（泰同栈渡口），大部分区域已经建成，环境品质良好，防汛墙采取地埋式设计，7m高堤岸下有地下停车场。活动人群年龄构成以25岁以下附近居民居多，总体比较而言此区段活动人群年龄层次较低，青春具有活力和创造力，工业历史遗址丰富，由此将此区段设计为文化创意区，融合历史文化信息，满足周边人群生活休闲需要，同时吸引聚集更多人流，提高场地活力和生命力。

在部分场地中增设亲水平台、亲水台阶、木质栈道等活动空间，通过特色雕塑小品的设置和历史工业构件的保留来体现上海船厂的历史痕迹和文化沉淀。采用多层植被台阶方式处理堤岸高差，增加多样性的水生植物，优化美观景观视觉的同时丰富城市河道绿色生态体系，将上海船厂旧址改造成为既富有现代城市活力又保持古老历史底蕴的展览创意中心（图5-9和图5-10）。

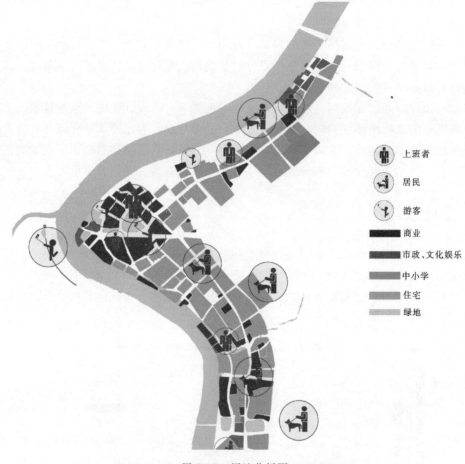

图 5-7　用地分析图

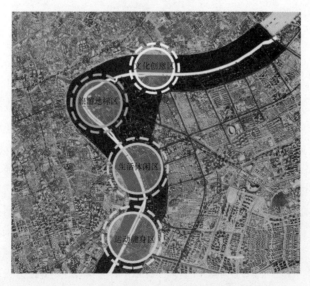

图 5-8　功能分区图

图 5-9　船厂改造概念示意图一

01 入口广场	08 观景广场
02 疏林草地	09 山地森林
03 滨水步道	10 喷泉广场
04 植草沟	11 架空慢行桥
05 园林小径	12 智慧景观塔
06 树阵	13 内河
07 休憩廊架	

图 5-10　船厂规划平面图

5.4.2　旅游地标区

小陆家嘴区段，浦东南路（泰同栈渡口）至东昌路，该区段的滨江绿地基本已经建成，除东昌路渡口附近，其他区段基本已经实现了步行系统的贯通。

该区域人流量大，人群活动次数频繁，人群年龄结构丰富，且以外来游客为主，周边建筑地标特征明显。因此，将该区段设计为旅游地标区，重点强调区域地标特性，打造具有示范性的城市河道绿地景观。

利用区域内已有景观形成的湿地植被作为科普教育区域，通过木栈道和景观桥的巧妙设计，增加城市河道绿地空间的观赏性和趣味性，丰富景观空间层次，提升游客的互动游览体验；构建城市水环境，营造丰富的动植物群落，满足观赏性的同时，发挥其非意识的公众教育作用；利用台地种植池消化场地高差，收集雨水资源，净化雨水，减小雨水径流量，缓解河道水质的污染，涵养水源，补给地下水。

沿江规划连贯的步道慢行系统，与周边商业空间结合，将腹地的地标性建筑与多元的活动空间引向江边（图5-11），使整个区域形成一个连贯有机的整体。在原海鸥舫用地区域设置巨大的观景平台，汇集人流，形成当地具有标志性的特色景观；将东方明珠的中心绿地景观打造为城市湿地景观，加强场地的轴线感和运动感，改善城市小环境和区域微气候；在雨季，现有的沿江滨水步道，由于雨水排放设施不完善和场地的地表渗透率低等问题，很容易被淹没，影响行人的通行，因此采用台阶式景观通道设计来改善这一问题；地下停车场局部改为水文观测点，通过巨型玻璃透明化地、直观地向公众展示水文的实时变化，科普雨水资源的重要性，引起人们对雨水资源问题的重视；东昌渡口附近道路狭窄，空间断点范围大，道路不通畅，严重影响行人浏览体验，通过建设滨水步行道来连接步行断点，解决道路不连贯问题（图5-12～图5-13），提升慢行的体验感。

图5-11　小陆家嘴慢行步道示意图二

5.4.3　生活休闲区

老白渡煤仓区段，东昌路至塘桥新路，大部分区域已建成，长江航运码头正在搬迁。鉴于该区段活动人数较多，且以沿线居民为主，活动人群年龄结构丰富，因此将该区段设计为生活休闲区，重点为附近各个年龄层次的居民提供不同的活动空间场所和休闲健身设施。

01 慢行桥
02 树阵广场
03 观江广场
04 下沉空间
05 堤顶自行车道
06 下沉舞台广场
07 台阶绿化
08 内河
09 入口广场
10 智慧服务点
11 观江大平台
12 亲水步道
13 架空慢行道
14 湿地公园
15 休闲绿地
16 智慧观景塔
17 观景平台
18 地下停车场改建
19 雨水花园
20 山地树林

图 5-12 东昌渡口滨水步道规划平面图

图 5-13 东昌渡口滨水步道鸟瞰图

图5-14　东昌渡口滨水步道效果图

　　缓坡与梯级驳岸相结合，柔化硬质堤岸，提升驳岸景观的绿化和观赏性，增加场地的亲水性；为了满足附近居民的日常活动需求贯通慢行系统（图5-15和图5-16），设计步行道、慢跑道和骑行车道，为城市居民提供高品质的休闲活动空间，亲水空间和运动空间；保留场地内煤仓构架，更新建筑功能，保留场地近代工业历史痕迹，延续历史文脉；通过沿江设置下沉式绿地、植草沟、渗透渠等低影响开发设施来收集、净化雨水资源，回用于绿地内水景或汇入黄浦江水系（图5-17）。

图5-15　老白渡煤仓慢行系统概念示意图一

5.4.4　运动健身区

　　南浦大桥区段，桥下空间利用率低，保留了船坞历史痕迹，其中部分区域正在封闭建

图 5-16 老白渡煤仓慢行系统概念示意图二

01 慢行桥
02 智慧服务站
03 绿化改造
04 亲水步道
05 自行车道
06 原绿地保留
07 智慧景观塔
08 水上公园
09 生物观察岛
10 雨水花园

图 5-17 老白渡煤仓慢行系统规划平面图

设中。区段内人流量大，且以沿线居民为主，人群活动类型多为运动休闲锻炼，同时该区段用地功能为上海体育公园，所以将其设计为运动健身区。

将原有体育公园的界面向城市打开，改造硬质高桩码头和船坞空间，贯通慢行系统；修复原有绿地生态环境，削减雨水径流，净化雨水资源；充分开发利用桥下空间，形成桥上桥下连通的立体公共开放空间；发挥原有体育公园功能，建设水上运动中心（图 5-18 和图 5-19），丰富周边居民活动类型，为其提供更多活动选择。

图 5-18 水上运动中心效果图

01 慢行桥
02 亲水步道
03 堤顶自行车道
04 植草沟
05 游船点
06 观江广场
07 智慧观景塔
08 中央广场
09 水上运动基地
10 入口环岛
11 活动草坪
12 雨水花园
13 商业空间

图 5-19 南浦大桥水上运动中心规划平面图

5.5 低影响开发设计

5.5.1 构建绿色健康的雨水资源循环体系

河道可以在雨季排除过境洪水，修正汛期水位和流量的关系，降低河道周边的洪水风险，具有基本的防洪排水功能；同时还具有汇集蓄水、调节河川径流、补给地下水、过滤净化水资源和维持区域水平衡的功能，通过低影响开发设施收集河道周边绿地的雨水资源，结合雨水过滤净化等设施，即需符合保障城市水安全，改善水环境。利用水资源的刚需，同时提升河道绿地的美观品质，满足城市河道绿地的景观生态修复、水景观提升的要求。根据上海绿化水文结构规划，从城市整体视角出发，进一步完善上海景观水系规划，构建城市整体性雨水循环体系。

5.5.2 构建因地制宜的低影响开发设施体系

（1）广场、道路和停车场设计。梳理轮渡码头广场的交通流线关系，广场上设置生态树池，雨水花园，休闲座椅设施等，结合植草沟设计，收集雨水，增加雨水下渗率，净化雨水资源，降低雨水径流峰值；场地设置旱喷、叠水等景观（图5-20），优化立体空间，丰富其韵律感和层次感；周围绿化带内设置植草沟、渗透渠等线性景观带和雨水设施以及下沉式绿地和雨水花园；美化场地景观环境的同时收集雨水资源，涵养水源，补充地下水资源；沿岸设计河岸植被缓冲带（图5-21），弱化河岸硬质驳岸，改善场地局部小气候。

图5-20 轮渡码头广场水景意向图

绿地外车行道硬质铺装改为透水沥青混凝土，绿地内游步道和亲水步道则改为透水砖

图5-21 轮渡码头广场雨水径流示意图

和汀步形式，增加雨水的渗透率，回补地下水，采用特色铺装纹样，保留工业码头轨道，完善慢行系统的网络结构，构建具有当地文化特色的道路系统。下沉式的停车场设计，在暴雨时可作为临时蓄水池；周围设置植草沟，其植被可以净化空气、美化环境和过滤雨水杂质。

图5-22 老白渡煤仓建筑绿地屋顶意向图

（2）建筑设计。黄浦江东岸河道绿地内建筑体量较小，周边绿地空间紧张。针对老白渡煤仓建筑立面设计，尽量保持其原有肌理，延续场地的文化特征。屋面采用简单式绿色屋顶，一定程度上可以利用自然降水资源，降低建筑的温度；周边新建建筑则采用花园式绿色屋顶设计，收集雨水资源，改善周边小气候，收集的雨水则通过渗透渠输送至雨水花园、下沉式景观绿地中，来达到减缓雨水径流和滞留雨水的效果。设置景观小品，充当雨水桶，储蓄少量雨水；树池和座椅结合成生态滞留池，形成生态树池，可以利用覆盖物的过滤作用和植物根系的吸收作用来净化雨水，同时美化环境（图5-22和图5-23）。

（3）竖向设计。黄浦江东岸河道绿地空间最多的元素为树木、花草组成状堆坡形式的绿化带。重塑地形高差，沿外侧道路边缘设置植草沟和植被缓冲带，将雨水资源输送至低凹处的雨水花园；空间较小的绿化带则设计为下沉式绿地，来汇集雨水资源；梳理绿地内的植物种类，在雨水花园、下沉式绿地等设施中补植耐水淹、净化能力强的植物，增加植物对雨水的涵养能力。针对小陆家嘴绿地，改造东方明珠景观轴的大型绿地空间，成为雨水湿地，蓄积净化雨水径流；将沿江堤岸改为台阶式缓坡，充当植被缓冲带，局部设置下

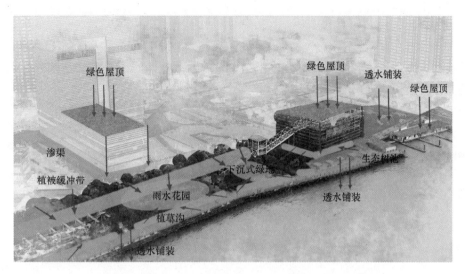

图 5-23　老白渡煤仓建筑绿地屋顶雨水径流示意图

沉式绿地（图 5-24）。

图 5-24　小陆家嘴下沉式绿地意向图

（4）河道设计。黄浦江河道绿地沿岸多为硬质规则式河岸形式，破坏了水生植物的生长环境，生物链被打乱，严重影响了生态系统的稳定。改造人工堤岸为雨水湿地和河岸植被缓冲带，丰富河岸形态，弱化硬质河岸的僵硬感，营造自然式河岸，不仅要考虑河道地质构造的抗冲刷能力，又要兼顾生物多样性和生态系统的修复能力。通过补植水生植物，投放底栖动物，增强植被缓冲带的过滤能力，形成完整的水生态系统。将部分不能改造的人工堤岸硬质铺装改为透水铺装（图 5-25），增加雨水的渗透率，降低雨水地表径流。同时注意河道的防洪安全功能，设置不同高度的观景平台或台阶式缓坡，作防汛墙之用。

为增加河道景观的地域文化和打造城市品牌形象，将历史故事、文化传统、黄浦江东岸绿地项目标志具象表现到护栏设计、地面铺装纹样、导视系统等景观小品中。

图 5-25　小陆家嘴下沉式绿地雨水径流示意图

5.5.3　构建适应于不同水文变化的河岸体系

基于水资源紧张的生态现状，采取低影响开发景观物质更新对策，建立近远期不同水文变化的对应模式，塑造多样化的河道河岸形式。要结合河道的定位、水文条件、地质现状、地形等因素以及河道地理位置的周边现状环境对驳岸展开设计。对植物进行设计时，需根据植物的自身形态特征、景观效果和环保效益等要求，进行合理妙趣的搭配设计，营造出别具一格、心生向往的景观活动空间，有效发挥植物景观维护湿地生态平衡、保护河岸带生物多样性、改善生境质量、提升河岸带管理、促进生态修复的综合功能，形成变化丰富的季节性景观。

河道驳岸工程总体分三类：自然驳岸、生态驳岸以及人工驳岸。自然驳岸是由历史原因形成的与河道功能相适应的生态系统组成，也称为自然护坡体系；生态驳岸则是自然驳岸与人工驳岸两种形式的有机结合。人工驳岸则是为满足泄洪防涝、水上运输、灌溉排水，以及水产养殖等工程功能需求而进行建造的驳岸形式。优先采用自然驳岸、植物驳岸以及多孔材质驳岸，有利于生态系统的可循环。

在保证防汛安全问题的前提下，恢复人工硬质规则式河道为自然河岸形式，丰富水体流动姿态，提高河道的蓄水量。通过亲水栈道式（图 5-26）、亲水台阶式（图 5-27）、砂石缓冲式（图 5-28）和内河式（图 5-29）四种驳岸形式（图 5-30）加强城市河道绿地与城市居民的互动，力求达到景观与人、物、自然和谐统一。

图 5-26　亲水栈道式驳岸

图 5-27　亲水台阶式驳岸

图 5 - 28　砂石缓冲式驳岸　　　　　　　图 5 - 29　内河式驳岸

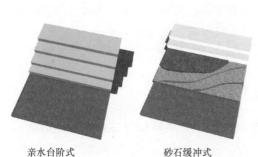

亲水台阶式　　　　　　砂石缓冲式　　　　　　亲水栈道式　　　　　　内河式

图 5 - 30　河岸形式示意图

5.6　场所精神营造

5.6.1　传承历史文化

　　黄浦江东岸绿地内具有历史价值的要素分为两类，一类是历史保护建筑和工业时期遗留的构架，另一类为当地人文历史和地域文化。

　　黄浦江东岸绿地内历史建筑的原有功能已经失去意义，通过改造传统功能，将工业旧建筑和现代生活、低影响开发设施结合；或者将新旧建筑形式巧妙结合（图 5 - 31），使之成为满足现代人们需求的空间。

图 5 - 31　新旧建筑结合虚拟图

图 5-32 京杭运河浮雕铺装实景图

人文精神的传承和地域特征的表现则较为抽象，如京杭运河杭州段是通过在地面铺装和石质护栏上雕刻"丝""帛"等字样和传统故事情景泥塑来体现地域文化（图 5-32）。黄浦江东岸绿地内本就有工业时期遗留的铁轨、系缆桩、水泥地和芦苇湿地等工业符号，在景观更新设计时，将历史遗留的工业符号通过与特制的透水铺装、可蓄水雕塑的结合设计，塑造历史文化背景，形成人文环境。运用透水混凝土替换不透水的水泥地，保持原有场地基调和文化的同时，利用透水铺装等低影响开发设施，对水资源进行节约再利用。

5.6.2 营造公共活动空间

丰富的公共活动内容，能够吸引城市居民的到来，重新焕发黄浦江东岸绿地的活力。建设形式多样的空间场地，开发滨水活动相关产业，将场地中原有的水泥地更新为透水性铺装，以增加雨水渗透率，补给地下水；河滩则再设计为下沉式绿地景观，用以积水蓄水、涵养水源、净化水体；利用场地中原有的钢铁材料最低耗能的塑造建成简单朴实的城市文化雕塑，让整个活动空间既遵循了低影响开发设计理念又具有代表性的工业文化特征。建设形式不同的活动空间如露天剧场（图 5-33）、运动场等；随着河道水质的改善，还可开展一些具有吸引力的水上娱乐项目（图 5-34）。

图 5-33 露天剧场意向图

图 5-34 独木舟活动示意图

5.7 慢行系统设计

贯通沿线慢行系统，不仅要考虑人行、自行车的需求，还要充分考虑慢行系统与周边各功能组团之间的联系。营造低碳绿色、安全舒适的交通环境，形成散步、跑步和骑行三种形式结合的健身空间，可有效减缓快慢交通体系的冲突和交通拥堵。

5.7.1 沿线贯通设计

由于黄浦江东岸现状条件复杂、问题较多，沿线慢行系统有多处断点，大约可以分为三种类型：建筑断点、自然水系断点和景观衔接断点（图5-35）。

○ 建筑断点
▲ 自然水系断点
◆ 景观衔接断点

图5-35 断点分布图

（1）建筑断点。此类断点主要原因是被轮渡码头建筑所占用，由于轮渡码头进出的非机动车速度快、数量多和慢行系统方向垂直且矛盾，造成人们通行障碍。另一原因是顾及到码头栈桥会随潮水水位变化而出现问题。鉴于以上条件限制，设置两种贯通方式（图5-36）。一种是从轮渡码头外侧绕行的方式；另一种是与轮渡码头建筑结合，从二层跨越，两者都需注意无障碍设计。

图5-36 联通建筑断点虚拟图

（2）自然水系断点。自然水系断点的原因主要是水系两侧没有连接的桥体设计，不能连贯步行体系，造成游览体验感不佳的问题。解决这个现象主要是通过增设步行桥，连接河流两岸（图5-37），连贯游行线路，提升体验。

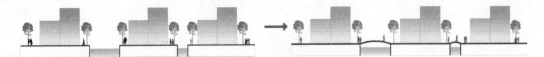

图 5-37 联通水系断点示意图

（3）景观衔接断点。此类断点较多，情况较复杂，以滨水步道衔接处、防汛墙、市政设施处为代表性断点，针对这种情况，采用以下三种方式处理（图 5-38）。

1）连接滨水步道：设计无障碍临水栈道。

2）防汛墙：采用活动式防汛墙，在低水位时关闭，建立双层步行道应对不同汛期需求。

3）市政设施占用：慢行道和市政设施两者互相绕行或退让。

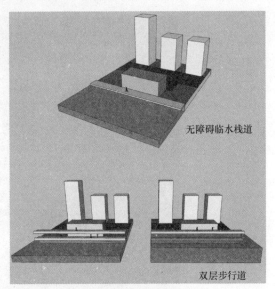

无障碍临水栈道

双层步行道

图 5-38 联通景观断点示意图

5.7.2 慢行道典型设计

针对不同的使用者，需要设计两种尺度的慢行道（图 5-39）。

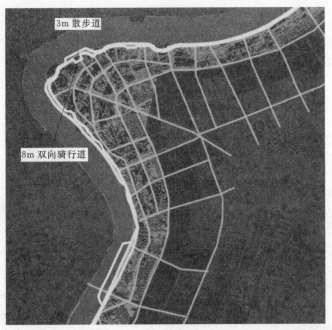

3m 散步道

8m 双向骑行道

图 5-39 慢行系统平面示意图

（1）3m 散步道。以多种形式蔓延贯穿于黄浦江东岸绿地中，连接步行断点，具有散步、游览、观赏等活动功能；在满足日常的活动需求的同时，结合低影响开发设施，散步道设计选用透水性铺装，道路边缘增加植草沟设计，有利于利用沟渠和植物来实现对雨水的收集、转输和净化，进而达到滞留雨水径流、削减径流污染物、补给地下水的作用。而且结合智能提示系统，介绍景点基本信息、提供导航指引服务，更加智能化地为人们提供优越的便民服务（图 5 - 40）。

（2）8m 双向骑行道。既是以骑行、慢跑为主的慢行系统，也是贯穿沿岸的主要通道。路面铺装采用透水混凝土和透水砖结合的方式来增加道路表面的雨水渗透率，降低雨水的径流量，补给地下水。道路两侧布置下沉式花坛，周边高中心低可以有效地进行集水蓄水，进行雨水的过滤和沉淀。将城市生活和黄浦江东岸景观结合，在地面装饰公里数和地标方向导航，给行进中、运动中的人一种方位感和速度感，能结合智能站点记录运动信息（图 5 - 41）。

图 5 - 40　3m 散步道意向图　　　　图 5 - 41　8m 双向骑行道意向图

5.8　景观设施设计

5.8.1　亲水平台

在黄浦江东岸绿地中设计两种类型的亲水平台：一种是平行河岸的台阶式平台（图 5 - 42）；另一种则是垂直于水体，向水面延伸的平台（图 5 - 43）。亲水平台作为景观的延伸，可以使水与景观产生一种更加亲密而又具有诗意的联系。选用当地木质、透水混凝土和钢铁等材料，体现地域文化性和低影响开发理念，可以很好地适应环境变化，具有良好的"弹性"特质，下雨时吸水、蓄水、渗水、净水；路面雨水径流传输到黄浦江内，减少路面积水。沿岸设计了具有美学气质的金属栏杆，即保护游客人身安全又融于整体景观大环境，使美观性、安全性、实用性和低影响达到高度协调。

图 5-42　平行河岸台阶式亲水平台示意图　　　　图 5-43　垂直于水体亲水平台示意图

5.8.2　入口广场

为加强城市交通系统与黄浦江东岸绿地的联系，强调黄浦江东岸绿地出入口特质标识

图 5-44　入口广场意向图一

性，在与水体垂直的道路尽头设置入口广场，延伸道路空间，使城市和河道水体相互交融、互相渗透，既相互独立又有紧密联系。广场地面铺装需具有透水性，其景观设计为下沉式绿地景观，道路两侧则安置植被浅沟等低影响开发设施；地下通过土壤层和输水管道和蓄水池的设计，对地表汇流集聚的雨水资源进行过滤、净化、储蓄。节约保护雨水资源的同时，改善广场小环境和场地景观。广场水景、观景台阶、座椅等景观小

品的艺术设计形成具有代表标识性的停留休闲空间，为人们提供休闲娱乐服务，营造一个环境优美、具有低影响开发教育意义的生态低耗广场（图 5-44～图 5-46）。

图 5-45　入口广场意向图二　　　　　　　　图 5-46　入口广场意向图三

5.8.3　休憩设施

黄浦江东岸绿地中的休闲座椅和景观廊架等数量较少，基础设施不完善，无法满足游

客的日常休闲需求。形式单一，没有美感和地域特色，以带状花坛兼具座椅功能为主，缺少舒适性和美观性。

将休闲设施和低影响开发设施结合，兼具视觉美和工业特色。座椅设计选用金属和实木为主要材料，与周边生态池景观环境相协调，体现了厚重的工业感，创造具有生态活力的休闲区域；结合生态花坛、亲水平台设计，达到生态性和实用性的有机统一。生态景观池与座椅的结合，潜移默化地让人们对低影响开发有了更深的了解（图 5-47 和图 5-48）。生态景观池利用植物作用，涵养水源，净化水资源，营造生态小气候；构建造型丰富，富有工业气息的景观廊架，既可以作为公共艺术装置，体现历史韵味，又与亲水平台设计结合，增添装置的互动活力（图 5-49 和图 5-50）。

图 5-47　功能座椅意向图

图 5-48　生态座椅意向图

图 5-49　造型廊架意向图

图 5-50　廊架结合亲水平台示意图

5.8.4　标识系统

标识系统是城市建设中重要的指导性视觉艺术，对于身处黄浦江东岸绿地的游客极为重要，不仅为人们提供方位、路线指示、景点介绍、公共设施布局等标识信息，优秀的标识系统还可以增加场所中的地域性、归属感和人文关怀。

针对黄浦江东岸绿地标识系统设计，以统一性和地域性为原则，采用统一的材质、颜色、Logo 等元素打造品牌效益。其构筑物应尽量采用场地中原有的材料，结合智慧城市建设，融入智能信息服务系统，并与低影响开发设施地巧妙融合（图 5 - 51 和图 5 - 52）。

图 5 - 51　标识意向图一　　　　　　　　图 5 - 52　标识意向图二

5.9　植物景观设计

5.9.1　植物功能

植物除了有景观审美、生态功能和环境教育功能外，还有吸纳污染物、净化空气、滞留雨水、增加雨水渗透的强大功效，在低影响开发理念下的河道景观设计中扮演着重要角色。

（1）植物的根系可以有效去除土壤中的氮、磷等污染物，同时根系可以涵养水源、保持水土，还有助于维持土壤的渗透性能；植物的茎秆和叶子可以减缓雨水下落速度和数量，从而可以达到缩减径流总量的效果；植物的蒸腾作用分散水气，增加空气湿度，可以改善周边小气候环境。

（2）作为景观设计中重要的造景元素之一，植物可以使活动空间场景充满活力和生气。根据植物的形态、颜色、质地、尺寸大小等不同特征，对植物进行艺术性的搭配，可以营造出独有风格的景观视觉效果，给人美的视觉冲击。

（3）自然界中的鸟类、昆虫、微生物等的生存休憩环境，无一能离开植物。湿地环境下的植物可以很好地作用于河道水资源的富营养化，抑制有害藻类的繁殖，实现水资源的净化和水环境的平衡。植物根系可以为地下细菌和地表藻类提供良好的条件，同时植物的光合作用，吸收二氧化碳释放氧气，通过植物的蒸腾作用吸收热量、增加空气湿度，降低周边温度，调节微气候。

5.9.2 选择原则

（1）适用性原则。根据上海的生态环境、自然条件和黄浦江东岸植被现状，因地制宜地选择适合当地的植被物种，从丰富多彩的群落组成、结构中借鉴，保持植物群落的多样性和稳定性，适应黄浦江水环境，选择丰富的水生植物种类，打造遵循自然发展规律的自然群落。

（2）经济性原则。植物的作用不仅是景观视觉效益，也会考虑到经济效益和社会生态效益。在选择植物时除了要考虑到植物的品种、冠幅大小等，当然也要兼顾到成本经济问题。黄浦江东岸绿地内植被情况良好（图5-53），宜尽量保留场地原有植被，对于新增植被的选用要考虑优先选用养护管理简便的植物品种，减少养护管理成本投入。

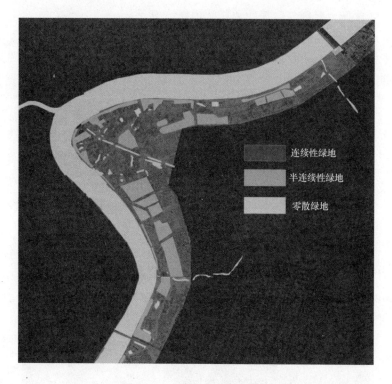

图例：
- 连续性绿地
- 半连续性绿地
- 零散绿地

图5-53 植物连续性分布图

（3）多样性原则。黄浦江东岸现状植被种类较丰富，乔灌木层次分明，景观观赏度高，但是缺少与水体的联系。城市河道绿地为道路和水系之间的带状空间，能够对水系空间形成良好的围合感和分隔感。由此宜选择能够适应亲水空间，形成丰富的林冠线，并与城市建筑天际线更好融合的植物。

（4）季节性原则。植物在不同的季节，呈现不同的色彩和纹理；植物的开花季节也不各不相同，巧妙合理地运用植物的季节变化，可以使景观在春、夏、秋、冬四季展现不同的色彩和韵味。富有季节韵律感的景观，使大家身临其境地感受到大自然的魅力。

5.9.3 选择方法

（1）8m骑行道绿化：上层乔木选用大规格、景观效果好的树种，花灌木选用季节性强、管理成本低的植物。

行道树：银杏、桑树、白皮松、无患子、栾树、梧桐树、香樟。

小乔木：紫叶李、玉兰、樱花、香榧、深山含笑、银杏。

灌木：紫薇、大叶黄杨、红叶石楠、桃叶珊瑚、海桐、山茶。

地被：鸢尾、萱草、地被菊、月季、常春藤、麦冬、紫叶酢浆草。

（2）人行入口绿化：整理人行入口区域植被，增强识别性。

乔木：银杏、铅笔柏、鹅掌楸、合欢。

小乔木：紫叶李、玉兰、樱花、桂花、杜英。

灌木：大叶黄杨、紫薇、盆栽叶子花、木槿、卫矛。

地被：金山绣线菊、萱草、地被菊、花叶燕麦草。

（3）水生植物补植。结合地形布置梳理现有植被（图5-54），补植水生植物，形成丰富的植物群落。

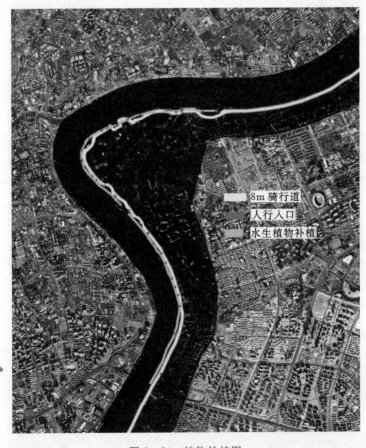

图5-54 植物补植图

乔木：油松、湿地松、国槐、水杉、金丝垂柳、垂柳、枫杨。

小乔木：玉兰、紫叶李、木槿、夹竹桃、乌桕等。

花灌木：碧桃、红花锦带、丁香、珍珠梅、绣线菊、栀子花。

地被：箬竹、二月兰、玉簪、地锦、八宝景天等。

挺水植物：芦苇、香蒲、慈姑、千屈菜、再力花、荷花、梭鱼草、菖蒲等。

浮水植物：浮萍、荇菜、睡莲、芡实、凤眼莲、菱等。

沉水植物：轮叶黑藻、眼子菜、菹草、狐尾藻、苦草等。

5.10 智能系统设计

5.10.1 一公里智能点

沿江每公里设置一个景观塔或服务站点（图5-55～图5-57），为绿地内活动的人群提供 WiFi、充电、饮水等便民服务，智能站点的场地设计充分考虑排水问题和低影响开发设施的融合。

图 5-55 一公里智能点分布图

图 5-56 景观塔意向图

图 5-57 服务站点意向图

5.10.2 科普教育基地

树立黄浦江东岸绿地低影响开发品牌形象，将景观塔和服务站点作为低影响开发科普教育基地，为学校提供室外教育场所，开设面向全体公众的生态教育课程，让人们在环境中潜移默化地感受到低影响开发所带来的积极影响，使低影响开发理念深入人心，增强公众对可持续绿色发展的重视。

5.10.3 结合线上线下

通过东岸漫步APP（图 5-58）发布实时水文信息，以及为公众提供停车导航、景点介绍、运动记录等服务，通过线上线下的联系，使黄浦江东岸绿地和城市居民的生活建立紧密的联系。

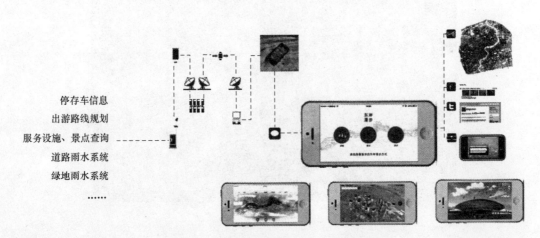

图 5-58 东岸漫步线上线下衔接示意图

5.10.4 智能监控管理

通过数字技术实时监控水文情况和低影响开发设施的运行情况，数字化监控管理，减少人工管理成本。

5.11 本章小结

本章根据上文所述的理论框架和低影响开发设施在城市河道绿地中的应用策略，依据城市河道绿地低影响开发的设计原则和场地现状制定本次设计目标，对场地的高程、水文情况、植被情况、雨水利用情况以及活动人群情况进行调研，结合实际需求制订概念性的更新设计方案，为低影响开发理念在城市河道绿地景观更新设计的研究提供更多的设计依据。

第六章

总 结 和 展 望

6.1 总结

　　水是自然界中最重要的元素，也是人们最离不开的元素，良好的水循环为城市带来无限的动力。然而国内不同城市对于雨水资源的态度却是截然不同的，部分城市会因为雨水过多形成内涝，谈水色变；而部分城市则缺少雨水，渴望雨水，从而刻意堆砌水景。但是作为以尊重自然为原则的景观设计应该是融入雨水资源利用和对自然的关切，使土地和雨水建立密切的关系，同时满足城市空间的景观效果和使用功能，有效改善城市自然生态环境。

　　本研究内容为低影响开发背景下的城市河道绿地更新设计，将自然生态系统与人工景观体系整合形成复合景观，不仅注重城市自然环境的保护，还注重开展环境保护，雨水资源利用的公共教育。探讨总结了低影响开发背景下城市河道绿地的设计原则和更新对策，借助综合调研分析各项低影响开发设施在城市河道绿地中的使用情况，将低影响开发设施运用于设计实践中，融入到城市河道绿地景观环境中，达到功能和美学的统一。

6.2 创新点

　　（1）基于低影响开发背景，与城市总体规划同步，以建设绿色健康发展为前提和基础；将城市河道绿地看做一个整体，整合周边生态资源。
　　（2）实行"以蓄代排"雨水利用新理念，科学、系统地对待雨水问题。
　　（3）推广公众思想层面的雨水资源化利用意识和建立法制化管理意识。
　　（4）整合低影响开发和城市河道绿地更新两个领域，建立适用于城市河道绿地的低影响开发体系。

6.3 讨论与展望

　　本书所讨论的黄浦江东岸绿地景观更新概念设计项目的用地空间现状复杂，场地中的不确定因子多，低影响开发设施灵活性高。由此本书对低影响开发设施布局整合的理论阐述是借鉴成功的设计案例形成的定性描述和分析结论，并没有对其具体规模、布局位置进行明确的定量分析，仅仅作为以后研究的方案规划意向。由于缺乏市政工程和给排水设计经验，并未对城市河道绿地和市政管网的衔接方式进行详细说明。此外对于非物质对策实施细节，如怎样有效维护场地中的低影响开发设施，怎样有力向公众宣传普及低影响开发体系的品牌形象，以及怎么保护亲水空间公众的人身安全等问题还需要在未来进行研究探索。

参 考 文 献

［1］ 宋庆辉，杨志峰. 对我国城市河流综合管理的思考［J］. 水科学进展，2002，13（3）：377-382.

［2］ 吴丹子，王晞月，钟誉嘉. 生态水城市的水系治理战略项目评述及对我国的启示［J］. 风景园林，2016（5）：16-26

［3］ 车伍，吕放放，李俊奇，等. 发达国家典型雨洪管理体系及启示［J］. 中国给水排水，2009，25（20）：12-17.

［4］ 王鹏，林华东，王玲霄. 雨水处理与利用技术在国外的应用［J］. 黑龙江大学工程学报，2006，33（4）：90-92.

［5］ 车伍，马震，李俊奇. 城镇雨洪控制利用与水景观设计［J］. 建设科技，2009（23）：58-60.

［6］ 吴阿娜. 车越. 张宏伟. 等. 国内外城市河道整治的历史、现状及趋势［J］. 中国给水排水，2008，24（4）：13-18.

［7］ 滕华国. 河道生态治理技术与案例分析［D］. 咸阳：西北农林科技大学，2014.

［8］ 胡荣桂. 环境生态学［M］. 武汉：华中科技大学出版社，2010.

［9］ 李强. 低影响开发理论与方法述评［J］. 城市发展研究，2013，20（6）：30-35.

［10］ 汪霞. 城市理水——基于景观系统整体发展模式的水域空间整合与优化研究［D］. 天津：天津大学，2006.

［11］ https：//ja. wikipedia. org/wiki/多自然型川づくり［EB/OL］.

［12］ 郑兴，周孝德，计冰昕. 德国的雨水管理及其技术措施［J］. 中国给水排水，2005（2）：104-106.

［13］ 姜亦华. 日本的水资源管理及借鉴［J］. 生态经济（中文版），2010（12）：178-181.

［14］ 孙逸增. 滨水景观设计［M］. 大连：大连理工大学出版社，2002.

［15］ 吴庆洲. 中国古代城市防洪研究［M］. 北京：中国建筑工业出版社，1995.

［16］ 俞孔坚，姜芊孜，王志芳，等. 陂塘景观研究进展与评述［J］. 地域研究与开发，2015，34（3）：130-136.

［17］ 张晓昕，郭祺忠，马洪涛. 美国城市雨水径流管理概况［J］. 给水排水，2014（S1）：82-87.

［18］ 王冬雅. 雨水处理景观化研究［D］. 南京：南京师范大学，2014.

［19］ 苏容. 我国政府环保角色地位研究［D］. 北京：首都经济贸易大学，2013.

［20］ 杨超. 论新时期我国水污染防治有效机制的构建［J］. 水利发展研究，2015，15（9）：30-33.

［21］ 刘洋. 雨洪资源在城市园林绿地中的景观应用研究［D］. 保定：河北农业大学，2015.

［22］ 王文亮，李俊奇，车伍，等. 城市低影响开发雨水控制利用系统设计方法研究［J］. 中国给水排水，2014（24）：12-17.

［23］ 车伍，马震. 针对城市雨洪控制利用的不同目标合理设计调蓄设施［J］. 中国给水排水，2009，25（24）：13-18.

［24］ 汤君. 城市滨水空间复兴模式的研究［D］. 长沙：中南大学，2011.

［25］ 刘树坤. 水利建设中的景观和水文化［J］. 水利水电技术，2003，34（1）：30-32.

［26］ 张环宙，吴茂英，沈旭炜. 城市滨水 RBD 开发研究：让滨水回归生活［J］. 经济地理，2013，33（6）：73-78.

［27］ 王兴勇，陈朱茹，刘树坤. 城市河流景观规划基本原则和主要内容探析［J］. 中国水利水电科学研究院学报，2015，13（6）：442-448.

［28］ 中华人民共和国住房和城乡建设部. 海绵城市建设技术指南——低影响开发雨水系统构建（试行）

[M]. 北京：中国建筑工业出版社，2015.

[29] 奈杰尔·邓尼特，安迪·克莱登. 雨水园：园林景观设计中雨水资源的可持续利用与管理 [M]. 孔晓强，译. 北京：中国建筑工业出版社，2013.

[30] 深圳市质量技术监督局. DB440300/T 37—2009 屋顶绿化设计规范 [S].

[31] 赵国翰. 基于低影响开发的城市排水系统改造研究 [D]. 成都：西南交通大学，2015.

[32] 王健，尹炜，叶闽，等. 植草沟技术在面源污染控制中的研究进展 [J]. 环境科学与技术，2011，34 (5)：90 - 94.

[33] 王水浪，包志毅，吴晓华. 城市雨水的可持续管理——波特兰绿色街道的设计及其启示 [J]. 山东林业科技，2009 (2)：68 - 71.

[34] 龚清宇，王林超，唐运平. 中小流域尺度内雨水湿地规模模拟与设计引导 [J]. 建筑学报，2009 (2)：48 - 51.

[35] 魏琳，雷孝章，张广兴. 川中丘陵区蓄水池设计研究 [J]. 水电能源科学，2010 (3)：81 - 83.

[36] 马钊，杨香云，李珂，等. 基于地域特色的河道景观模式研究 [J]. 中国农村水利水电，2015 (6)：29 - 31.

[37] 张瑜，孔忠良，蒋万寿. 透水人行道路面的设计与应用 [J]. 上海建设科技，2012 (3)：8 - 9.

[38] 车武，汪慧珍，任超，等. 北京城区屋面雨水污染及利用研究 [J]. 中国给水排水，2001，17 (6)：57 - 61.

[39] 王佳，王思思，车伍. 低影响开发与绿色雨水基础设施的植物选择与设计 [J]. 中国给水排水，2012，28 (21)：45 - 47.

[40] 王越，费艳颖. 生态文明建设中公众参与意识培育路径研究 [J]. 长春理工大学学报：社会科学版，2015 (7)：38 - 41.

[41] 刘迎宾，周彦吕. 新加坡水敏性城市设计的发展历程和实施研究 [C]. 2016 中国城市规划年会，2016.

[42] 田文. 体验式雨水景观设计研究 [J]. 合肥学院学报（社会科学版），2014 (6)：107 - 110.

[43] 杨静. 地域文化视野下城市河道景观设计研究 [D]. 济南：齐鲁工业大学，2013.

[44] 殷杰，尹占娥，于大鹏，等. 海平面上升背景下黄浦江极端风暴洪水危险性分析 [J]. 地理研究，2013，32 (12)：2215 - 2221.

[45] 上海市黄浦江两岸开发工作领导小组办公室. 重塑浦江：世界级滨水区开发规划实践 [M]. 北京：中国建筑工业出版社，2010.

[46] 于翠艳. 1895—1915 年上海河道变迁与城市发展 [D]. 上海：上海大学出版社，2006.

[47] 王建军，李田. 雨水花园设计要点及其在上海市的应用探讨 [J]. 环境科学与技术，2013 (7)：164 - 167.

[48] 金云峰，徐振. 苏州河滨水景观研究 [J]. 城市规划学刊，2004 (2)：76 - 80.

[49] 季永兴，刘水芹，卢永金. 上海苏州河河口挡潮闸的问题探讨 [J]. 中国水利，2015 (16)：34 - 37.

[50] 鞠继武，潘凤英. 京杭运河巡礼 [M]. 上海：上海教育出版社，1985.

[51] 汤海孺. 以品质保护为核心推进京杭大运河综合整治——以杭州运河综合保护工程为例 [J]. 现代城市，2007 (3)：23 - 28.

[52] 李君益. 钱塘江和钱塘潮 [M]. 北京：中国青年出版社，1980.

[53] 上海市黄浦江两岸开发工作领导小组办公室. 黄浦江两岸开发 [M]. 上海：上海人民出版社，2007.

[54] 上海市水务规划设计研究院. 上海市景观水系规划基本确定 [J]. 上海城市规划，2005 (2)：35 - 35.

[55] 上海通志编纂委员会. 上海通志，1 [M]. 上海：上海社会科学院出版社，2005.

[56] 俞孔坚，李迪华，刘海龙. "反规划"途径 [M]. 北京：中国建筑工业出版社，2005.

[57] 上海市人民政府. 黄浦江两岸地区发展"十三五"规划 [EB/OL].

[58] 董哲仁. 莱茵河——治理保护与国际合作 [M]. 郑州：黄河水利出版社，2005：138 - 156.

[59] 姜亦华. 日本的水资源管理及启示 [J]. 经济研究导刊，2008（18）：180 - 183.

[60] 孙鹏，王志芳. 遵从自然过程的城市河流和滨水区景观设计 [J]. 城市规划，2000，24（9）：19 - 22.

[61] 张东华，张姝姝，张银龙，等. 生态学原理在河道景观设计中的应用 [J]. 南京林业大学学报（自然科学版），2008（1）：115 - 118.

[62] 黄建军，许稻香. 塑造传统文化魅力的城市滨河景观——以抚河滨水文化公园景观规划设计为例 [J]. 小城镇建设，2008（8）：8 - 12.

[63] 束晨阳. 城市河道景观设计模式探析 [J]. 中国园林，1999（1）：6 - 9.

[64] 俞孔坚，张蕾，刘玉杰. 城市滨水区多目标景观设计途径探索——浙江省慈溪市三灶江滨河景观设计 [J]. 中国园林，2004（5）：31 - 35.

[65] 俞孔坚，李迪华. 城市河道及滨水地带的"整治"与"美化" [J]. 现代城市研究，2003（5）：29 - 32.

[66] 董哲仁. 生态水利工程原理与技术 [M]. 北京：中国水利水电出版社，2007.

[67] 丁爱中，郑蕾，刘钢. 河流生态修复理论与方法 [M]. 北京：中国水利水电出版社，2011.

[68] 赵亚楠. 透水铺装在海绵城市中的应用 [D]. 郑州：华北水利水电大学，2018.

[69] 石帅叶. 城市屋顶绿化模式研究——以西安市莲湖区为例 [D]. 重庆：西北大学，2016.

[70] 林茛. 海绵城市理念下的下沉式绿地研究与优化——以西咸新区沣西新城为例 [D]. 西安：长安大学，2017.

[71] 陈嵩. 雨水花园设计及技术应用研究 [D]. 北京：北京林业大学，2014.

[72] 郭翀羽. 植草沟与缓冲带径流控制效能研究 [D]. 北京：北京建筑大学，2013.

[73] 仰满. 丹江口库岸植被缓冲带空间优化配置研究 [D]. 武汉：华中农业大学，2014.

[74] 曾毅. 基于"源汇"模型的植被缓冲带构建技术研究——以重庆市开县为例 [D]. 武汉：华中农业大学，2014.

[75] 李剑沣. 嵌草铺装系统中氮的迁移转化规律研究 [D]. 北京：北京建筑大学，2018.

[76] 赵琳. 铺装构造研究 [D]. 北京：北京林业大学，2006.

[77] 赵萌. 北京科技园区雨水景观规划设计策略研究 [D]. 北京：北京工业大学，2013.

[78] 刘亚楠. 海绵城市中透水铺装的应用推广研究 [D]. 北京：北京建筑大学，2017.

[79] 赵国翰. 基于低影响开发的城市排水系统改造研究 [D]. 成都：西南交通大学，2015.

[80] 王佳，王思思，车伍. 低影响开发与绿色雨水基础设施的植物选择与设计 [J]. 中国给水排水，2012，28（21）：45 - 47.

[81] 克里斯·克朗普顿，彭舰，丹尼尔·阿普特，等. 加州奥兰治县低影响开发：实施和评估中的挑战与对策 [J]. 国际城市规划，2018，33（03）：9 - 15，40.

[82] 张隽，崔元元. 基于低影响开发案例分析的寒地城市道路景观设计策略研究 [J]. 城市建筑，2017（35）：74 - 76.

[83] 张益章，刘海龙. 基于低影响开发的清华校园新民路雨洪管理与景观设计研究 [J]. 建设科技，2019（Z1）：61 - 68.

[84] 段晓涵，郑志宏，赵飞. 基于海绵城市理念的低影响开发设施应用研究 [J]. 科技创新与应用，2019（1）：25 - 27.

[85] 刘青林. 生物多样性与绿色城市 [J]. 农业科技与信息（现代园林），2013，10（1）：5 - 6.

[86] 卓未龙. 我国城市河道综合治理的发展新趋势 [J]. 经济师，2017（4）：67 - 68.

[87] 樊瑞华. 济南市城区河道生态构建与景观系统研究的思考 [J]. 城市道桥与防洪，2014（12）：197 - 199，200.

[88] 黄燕，李彬，林农，罗言云. 城市滨水生态绿地资源整合策略初步研究 [J]. 北方园艺，2009（11）：199 - 202.

［89］ 刘谊. 谈城市滨水绿地生态设计的原则［J］. 现代园艺，2008（12）：24-25.

［90］ 王欣. 雨洪. 管理视角下的控规指标研究与实践［A］. 中国城市规划学会、贵阳市人民政府. 新常态：传承与变革——2015中国城市规划年会论文集（07城市生态规划）［C］. 中国城市规划学会、贵阳市人民政府：中国城市规划学会，2015：7.

［91］ 毕翼飞，张新鑫，赵普天. 雨洪管理及其在许昌城市绿地中的应用探讨［J］. 绿色科技，2013（9）：109-110.

［92］ 李玉明，王钰. 基于雨洪管理理念的城市公园雨洪资源化利用规划［J］. 安徽农业科学，2014，42（21）：7092-7094，7105.

［93］ 徐兴根. 城市园林绿地中的雨洪控制利用研究［D］. 杭州：浙江农林大学，2013.

［94］ 周建东，黄永高. 我国城市滨水绿地生态规划设计的内容与方法［J］. 城市规划，2007（10）：63-68.

［95］ 柳骅. LID理念下城市水域景观的低影响开发策略研究［J］. 广东园林，2014，36（2）：29-32.

［96］ 黄燕，李彬，林农，等. 城市滨水生态绿地资源整合策略初步研究［J］. 北方园艺，2009（11）：199-202.

［97］ 夏远，党亮元，王颖. 重庆城市广场"海绵城市"建设中植物景观的应用和思考［J］. 现代园艺，2018（16）：141-142.

［98］ 贾果. 基于海绵城市理念的城市公园规划设计研究［D］. 西安：西安理工大学，2018.

［99］ 陈垚，任萍萍，张彩，朱子奇. 生物滞留系统中植物去除氮素机理及影响因素［J］. 环境科学与技术，2017，40（S2）：85-90.

［100］ 王睿隆. 低影响开发下的城市河道景观更新研究［D］. 北京：北京林业大学，2016.

［101］ 吕春秀. 基于生态视角的城市河道景观研究［D］. 北京：北京林业大学，2016.

［102］ 王瑜. 基于生态视角下的河道景观探析［D］. 天津：天津大学，2014.

［103］ 王佳，王思思，车伍，等. 雨水花园植物的选择与设计［J］. 北方园艺，2012（19）：77-81.

［104］ 阎波，付中美，谭文勇. 雨水花园与生态水池设计策略下城市住区水景的思考［J］. 中国园林，2012，28（3）：121-124.

［105］ 张雅卓，练继亮. 河道景观多维设计方法研究［J］. 水利水电技术，2011，42（10）：25-29，35.

［106］ 王宗侠，段渊古. 城市河道景观规划设计方法探析［J］. 水利与建筑工程学报，2010，8（1）：32-34.

［107］ 高艳. 杭州市区河道景观体系规划初探［J］. 中国园林，2008（5）：1-3，5-8.

［108］ 徐洪跃. 透水沥青混合料透水特性及路用性能研究［J］. 重庆交通大学学报（自然科学版），2018，37（6）：42-47，75.

［109］ 同卫刚. 生态型透水沥青路面结构设计与性能研究［D］. 西安：长安大学，2015.

［110］ 蒋玉龙，高博，杨幼江，等. 基于海绵城市体系典型透水路面模型研究［J］. 重庆交通大学学报（自然科学版），2019，38（6）：42-47.

［111］ 岳秀林. 昆明市屋顶绿化雨水资源化利用研究［D］. 昆明：昆明理工大学，2015.

［112］ 刘钰钦. 径流雨水中典型污染物在LID设施中的迁移变化及其相互影响的研究［D］. 北京：北京化工大学，2017.

［113］ 田甜. 屋顶绿化配置以及蓄水和对雨水、中水净化能力研究［D］. 南京：南京农业大学，2017.

［114］ 廖奕程. 城市园林建设中的雨水收集利用研究［D］. 广州：华南农业大学，2016.

［115］ 郭凤. 植草沟在道路地表径流传输入渗过程中的模拟研究［D］. 北京：北京林业大学，2014.

［116］ 张丹. 基于低影响开发的校园道路雨水景观设计研究［D］. 南昌：南昌航空大学，2018.

［117］ 陈秉楠. 新开发区低影响开发设施布置优化研究［D］. 深圳：深圳大学，2015.

［118］ 梁美琪. 重庆道路系统低影响开发（LID）规划设计和应用研究［D］. 重庆：西南大学，2017.

［119］ 王佳. 基于低影响开发的场地景观规划设计方法研究［D］. 北京：北京建筑大学，2013.

［120］ 刘谦. 城市滨河绿道低影响开发雨洪管理的景观规划设计研究［D］. 杭州：浙江大学，2019.

［121］ Joksimovic D，Alam Z. Cost efficiency of Low impact development（LID）stromwater management practices［J］. Procedia Enginerring，2014，89：734-741.

［122］ http：//www. shanghai. gov. cn/nw2/nw2314/nw2319/nw2404/nw41413/nw41414/u26aw50889. html.

［123］ FAY JONES SCHOOL OF ARCHITECTURE. LID Low Impact Development a design manual for urban areas［M］. Fayetteville，Arkansas. UNIVERSITY OF ARKANSAS PRESS. 2010.

［124］ Jerry M. Bernard and Ronald W. Tuttle. Stream Corridor Restoration：Principles，Processes，and Practices［J］. Federal Interagency Stream Restoration Working Group，2014，14（3-4）：151-162.

［125］ Eric W. Strecker. Low-Impact Development（LID）—Is It Really Low or Just Lower?［C］. Engineering Foundation Conference. 2002. Zahmatkesh Z，Burian S J，Karamouz M，et al.

［126］ Low-Impact Development Practices to Mitigate Climate Change Effects on Urban. Stormwater Runoff：Case Study of New York City［J］. Journal of Irrigation & Drainage Engineering，2015，141（1）：04014043.

［127］ https：//zh. wikipedia. org/zh-hans/黄浦江［EB/OL］.

［128］ http：//www. shanghai. gov. cn/nw2/nw2314/nw2315/nw31406/u21aw1251529. html.

［129］ https：//baike. baidu. com/item/上海滨江大道.

［130］ https：//www. chinaholiday. com/cn/scenic/city2/5602/.

［131］ http：//www. pudong. gov. cn/shpd/news/20170822/006005078006_b91184b6-55ad-4021-afd6-27b85487522b. htm.

［132］ https：//zh. wikipedia. org/zh-hans/吴淞江［EB/OL］.

武文婷

女，1973 年 6 月出生，甘肃张掖人，博士，浙江工业大学设计与建筑学院教授；主要研究方向为景观规划设计、环境评价与优化；曾主持国家自然科学基金项目、教育部人文社科研究一般项目、浙江省社科规划课题、浙江省科技厅公益社会发展计划性项目、浙江省社科联研究课题等，参与省部级和厅局级纵向课题多项，主持和参与重大横向项目和一般横向项目多个；曾以第一作者发表学术论文数十篇，并以第一作者出版专著多部、主编教材多部。

张怡蓓

女，1992 年 1 月出生，浙江杭州人，硕士，就职于杭州市建筑设计研究院有限公司；工作方向为景观设计，现已主持设计住宅、医院、学校、公园以及市政广场等类型项目；重点设计项目包括南平市观书园景观、平湖市南市医疗中心景观、浙江大学紫金港校区西区学生生活区组团（北）景观、上饶县七小景观、巧家县"8·03"地震灾后恢复重建项目政务服务中心景观、温州市滨江商务区蒲州片 P01－14 地块安置房工程景观等。

任彝

女，1976 年 10 月出生，浙江杭州人，硕士，浙江工业大学设计与建筑学院副教授；2014 年 8 月—2015 年 8 月，美国纽约时尚学院（Fashion Institute of Technology）展示与体验设计研究生部受邀访问学者；主要研究方向为城市公共空间设计与理论研究、博物馆及商业展示及体验设计；曾主持浙江省社科规划课题、浙江省教育厅课题及校研究生教改课题等，参与省部级和厅局级纵向课题多项，主持和参与重大横向项目和一般横向项目多个；以第一作者发表学术论文数十篇，并以第一作者出版教材多部。